Tafel zur Vergleichung

der Angaben

der eichfähigen Getreideprober

miteinander

und mit anderen Qualitätsangaben von Getreide

Herausgegeben
von der

Physikalisch-Technischen Reichsanstalt
Abteilung I für Maß und Gewicht, Berlin-Charlottenburg
(früher Kaiserliche Normal-Eichungskommission)

Vierte, unveränderte Auflage

Springer-Verlag Berlin Heidelberg GmbH
1926

ISBN 978-3-662-31331-2   ISBN 978-3-662-31536-1 (eBook)
DOI 10.1007/978-3-662-31536-1

Softcover reprint of the hardcover 4th edition 1926

Vorwort.

Die vorliegende Getreideprober-Tafel ist eine veränderte Ausgabe der in den Jahren 1893 und 1894, beziehungsweise 1899 erschienenen ersten und zweiten Auflage dieser Tafel. Über die Änderungen ist folgendes zu bemerken.

Da neben den durch Bekanntmachung vom 14. Mai 1891 (Reichs-Gesetzbl. 1891, Beilage zu Nr. 16) zugelassenen Getreideprobern zu ¼ und 1 Liter durch Bekanntmachung vom 9. März 1907 (Reichs-Gesetzbl. 1907, Beilage zu Nr. 15) ein Getreideprober zu 20 Liter zur Eichung zugelassen ist, hat in der neuen Tafel auch dieser Prober berücksichtigt werden müssen. Ferner hat es sich gezeigt, daß der Getreidehandel seit langer Zeit sich der sogenannten neuen Berliner Schale nicht mehr bedient, und daß für die 3 holländischen Schalen, die Königsberger, Danziger und die mitteldeutsche (früher alte Hamburger) Schale nur noch ein geringes, meist örtliches Bedürfnis vorhanden ist. Aus diesem Grunde ist von der Aufnahme dieser vier Schalen in die neue Tafel abgesehen worden; indessen soll für die holländischen Schalen wegen des Durchgangsverkehrs an einigen Handelsplätzen im Anschluß an die vorliegende Tafel eine besondere Tafel (Zusatztafel) herausgegeben werden. Eine weitere Änderung gegen früher besteht darin, daß die Spalte 4 der neuen Auflage, welche der Spalte 3 der früheren beiden Auflagen entspricht, die Überschrift „Hektoliter- oder Scheffelgewicht" statt „metrische Probe" erhalten hat. Dies ist geschehen, um zum Ausdrucke zu bringen, daß die Zahlenangaben der betreffenden Spalten sich lediglich auf die Füllung von Maßen zu

50 oder 100 Liter mit Handschaufeln beziehen, während unter metrischer Probe auch die Füllung von Maßen zu 20 Liter mit Handschaufeln verstanden wird. Ferner ist der Umfang der Spalten gegen früher erweitert worden.

Außer diesen die Einrichtung betreffenden Änderungen sind auch die Zahlenangaben der Spalten zum großen Teile geändert worden. Es haben nämlich neuerdings angestellte Vergleichungen der Angaben der Getreideprober miteinander und mit dem Hektolitergewicht etwas andere Zahlenwerte der Spalten ergeben als die früheren Vergleichungen. Da diese neueren Vergleichungen in erheblich größerem Umfange ausgeführt sind und besonders auf eine größere Zahl von verschiedenartigen Getreidesorten sich erstreckten, müssen ihre Ergebnisse als zuverlässiger gelten und sind daher der neuen Ausgabe zugrunde gelegt.

Bemerkung. Die im vorletzten Absatz erwähnte und bereits für 1909 vorbereitete Herausgabe einer „Zusatztafel" für holländische Getreideschalen ist auf Betreiben weiter Kreise von Getreide-Interessenten unterblieben und dürfte auch für die Folge unterbleiben.

Erläuterungen zur Tafel.

I. Einrichtung.

Die Tafel zerfällt in 3 Abteilungen, eine Tafel 1 zum Gebrauche für den Getreideprober zu ¼ Liter, eine Tafel 2 zum Gebrauche für den Getreideprober zu 1 Liter und eine Tafel 3 zum Gebrauche für den Getreideprober zu 20 Liter. Jede der 3 Tafeln hat 4 Unterabteilungen, nämlich a) für Weizen, b) für Roggen, c) für Hafer und d) für Gerste.

Die Tafel läßt erkennen, wie sich die Angaben der eichfähigen Getreideprober zueinander und zu der Hektoliterfüllung (Scheffelfüllung) verhalten.

Jede Seite der 3 Tafeln besteht aus 8 Spalten. In Tafel 1 enthält die erste Spalte die Angaben des Getreideprobers zu ¼ Liter, fortschreitend von 0,5 zu 0,5 Gramm des Getreidegewichts im Viertelliter. Von den folgenden Spalten geben die 3 nächsten die zugehörigen Gewichte für den Getreideprober zu 1 Liter, für denjenigen zu 20 Liter und für die Hektoliter- oder Scheffelgewichte in den bezüglichen Einheiten, nämlich Gramm im Liter, Kilogramm im Zwanzigliter und Kilogramm im Hektoliter oder Zollpfund im Neuscheffel. Die nächsten 4 Spalten enthalten die zugehörigen Gewichte für englische, amerikanische und russische Maße, und zwar geben sie Pfund engl. im Imp. Quarter und im Bushel, Pfund engl. im amerikanischen Bushel und Pud und Pfund im Tschetwert. Jede Spalte ist durch Überschrift hinreichend gekennzeichnet.

Es entspricht hiernach z. B. ein Weizengewicht von 175 Gramm im Getreideprober zu ¼ Liter einem Gewichte von 697,5 Gramm im Getreideprober zu 1 Liter, von 13,79 Kilogramm im Getreideprober zu 20 Liter, von 69,15 Kilogramm im Hektoliter usw.

Die Tafeln 2 und 3 sind entsprechend der Tafel 1 eingerichtet. In Tafel 2 bezieht sich jedoch die erste Spalte auf die Angaben des

Getreideprobers zu 1 Liter, fortschreitend nach Gramm des Getreide=
gewichts im Liter, und die zweite auf diejenige des Probers zu
¼ Liter. In Tafel 3 enthält die erste Spalte die Angaben des
Getreideprobers zu 20 Liter, fortschreitend von 0,01 zu 0,01 Kilogramm
des Getreidegewichts im Zwanzigliter, die zweite Spalte diejenigen
des Probers zu ¼ Liter und die dritte Spalte die Angaben des
Probers zu 1 Liter.

Die Angaben in Pud und Pfund für das Tschetwerik erhält
man in den Tafeln, indem man die Angaben in Pud und Pfund
für das Tschetwert durch 8 dividiert.

II. Die in der Tafel berücksichtigten Arten der Qualitäts=
bestimmungen.

Von den Einrichtungen und Arten des Verfahrens zur Prüfung
des Qualitätsgewichts von Getreide sind nur diejenigen berücksichtigt,
welche der amtlichen Prüfung und Stempelung (Eichung) zugänglich
sind und daher eine Gewähr für ihre Richtigkeit bieten. Zur weiteren
Erläuterung wird folgendes bemerkt:

1. Die Angaben der drei eichfähigen Getreideprober zu ¼,
1 und 20 Liter haben nur dann die in den Tafeln aufgeführten Be=
ziehungen zueinander, wenn diese Prober ordnungsmäßig gebraucht
werden. Dabei empfiehlt es sich, das Einschütten des Getreides in
das Füllrohr beziehungsweise in den Fülltrichter mittels eines Hilfs=
maßes (Zylinder oder Maß) zu bewirken, dessen Raumgehalt etwas
größer als derjenige des betreffenden Getreideprober=Maßes ist. Von
den Fabrikanten werden diese Hilfsmaße auf Verlangen mit den
Apparaten zugleich geliefert.

2. Die Angaben der Tafel über das Hektoliter= oder Scheffel=
gewicht können nur dann mit Nutzen gebraucht werden, wenn bei
der Ermittlung das Verfahren eingeschlagen wird, auf das sie sich
beziehen, nämlich das im Berliner Handel und bei der Militär=
verwaltung übliche Verfahren der Füllung eines Halbhektoliters
(Neuscheffels) mit Handschaufeln. Zwei Mann führen gegenüber=
stehend die aus dem Getreidehaufen gefüllten und zusammenstoßend
gehaltenen Schaufeln in Hüfthöhe über das Maß und entleeren sie
sodann durch Umwenden gemeinsam und plötzlich in dasselbe; dreimal
zwei volle Schaufeln sollen das Maß füllen. Das Abstreichen des
Maßes muß mittels kantigen Streichholzes vorsichtig geschehen, ohne
daß das Maß dabei erschüttert wird, und ohne daß Hohlräume
bleiben oder abgestrichene Körner in das Maß zurückfallen.

3. Die für den Getreidehandel mit dem Auslande bestimmten Angaben in englischem, amerikanischem und russischem Maß und Gewicht beruhen nicht auf Vergleichungen der Angaben dieser Maße mit der Hektoliter- oder Scheffelfüllung, sondern es sind die für das Hektolitergewicht in Spalte 4 angegebenen Zahlen lediglich in englisches, russisches usw. Maß und Gewicht umgerechnet worden, wobei vorausgesetzt ist, daß die Füllungsdichtigkeit des Getreides in allen diesen ausländischen Maßen dieselbe sei wie im Hektoliter- und Scheffelmaß. Diese Voraussetzung ist unbedenklich, da jene Maße von annähernd derselben Größe sind wie die inländischen oder noch größer, und da bei Maßen von 50 Liter aufwärts die verschiedene Größe auf die Dichtigkeit der Füllung nur noch von geringem Einfluß ist. Zur Umrechnung sind folgende Verhältniszahlen benutzt:

1 Imperial Quarter . . . . gleich 290,78 Liter
1   „   Bushel . . . .   „   36,35   „
1 Amerikanischer Bushel (Winchester Bushel) „ 35,24   „
1 Tschetwert gleich 8 Tschetwerik . . . . „ 209,90   „
1 Englisches Pfund . . . .   „   453,6 Gramm
1 Russisches Pud gleich 40 russ. Pfunden . „ 16380   „

III. Übereinstimmung der Angaben der Getreideprober untereinander und mit dem Hektoliter- oder Scheffelgewicht.

Streng genommen müßten die Angaben der verschiedenen Apparate nach Multiplikation mit den ihrem Raumgehalt entsprechenden Verhältniszahlen unter sich und mit dem Hektolitergewicht übereinstimmen. An einer solchen Übereinstimmung fehlt es nicht, sie ist aber nicht für alle Arten und Sorten von Getreide vorhanden. Eine so weit gehende Berichtigung der Apparate gegeneinander, daß durchweg Übereinstimmung herrscht, ist nicht möglich, da die verschiedenen Arten und Sorten des Getreides in den Maßen sich verschiedenartig lagern, sodaß, wenn bei einer Sorte oder Art die Prober ein übereinstimmendes Qualitätsgewicht zeigen, bei einer anderen Sorte oder Art Abweichungen sich vorfinden. Daher stimmen die Getreideprober meist nur für je ein Gewicht von Weizen, Roggen, Hafer und Gerste miteinander und mit der Hektoliter- oder Scheffelfüllung genau überein. Die Abweichung bleibt aber innerhalb erträglicher Grenzen, nämlich innerhalb 0,5 Kilogramm im Hektoliter, auch für die meisten anderen Gewichte.

Übereinstimmung innerhalb 0,5 Kilogramm im Hektoliter ist vorhanden zwischen dem Hektolitergewicht und dem Getreideprober zu

	¼ Liter	1 Liter	20 Liter
bei Weizen (Umfang von 66 bis 82 kg)	von 73 bis 81 kg	von 70 bis 80 kg	durchgehends
bei Roggen (Umfang von 65 bis 80 kg)	von 66 kg und darüber	von 65 bis 76 kg	
bei Hafer (Umfang von 39 bis 60 kg)	von 48 kg und darüber	von 53 kg und darüber	
bei Gerste (Umfang von 50 bis 75 kg)	von 56 kg und darüber	von 57 kg und darüber	

Wo für die Umrechnung in Hektolitergewicht eine größere Genauigkeit als 0,5 kg nicht erforderlich ist, wird es daher für den Getreideprober zu 20 Liter überhaupt nicht, für die Getreideprober zu ¼ Liter und zu 1 Liter nur bei leichteren als den vorstehend angegebenen Getreidesorten, also in den seltener vorkommenden Fällen nötig sein, von der Tafel Gebrauch zu machen.

Bei den drei Getreideprobern ist die Abweichung ihrer Angaben voneinander gleichfalls gering. Ihr Betrag geht bei den Probern zu ¼ Liter und 1 Liter über 0,35 Kilogramm im Hektoliter nicht hinaus, meist bleibt er jedoch innerhalb 0,25 Kilogramm. Größere Unterschiede kommen zwischen den Angaben des Probers zu 20 Liter und den beiden anderen zu ¼ und 1 Liter vor, jedoch auch hier meist nur bei den geringwertigen Sorten.

IV. Abweichung der Zahlenangaben dieser Tafel von denen der beiden früheren Auflagen.

Die Abweichungen der Zahlenangaben der vorliegenden Ausgabe gegen die Ausgaben von 1893, 1894 und 1899 sind nur gering. Sie bleiben meist innerhalb 0,25 Kilogramm im Hektoliter, darüber hinaus gehen sie mit geringen Ausnahmen nur bei den geringwertigen oder ganz schweren Sorten, die im Handel nur selten vorkommen. Sie übersteigen jedoch auch hier den Betrag von 0,5 Kilogramm im Hektoliter kaum. Eine Ausnahme davon findet nur bei Hafer statt, bei dem die Höchstabweichung 0,65 Kilogramm erreicht. Bei Hafer haben die neuerdings angestellten Vergleichungen der Prober miteinander besonders hinsichtlich des Getreideprobers zu 1 Liter etwas andere Werte ergeben als die früheren Vergleichungen.

Tafel 1

zur Entnahme der zu den Angaben **des eichfähigen Getreideprobers zu ¼ *l*** zugehörigen Angaben anderer Proben.

Tafel 1
zur Entnahme der zu den Angaben des eichfähigen Getreideprobers zu ¼ l zugehörigen Angaben anderer Proben
a) für Weizen.

Angaben des eichfähigen Getreide= probers zu ¼ l	Zugehörige Angaben						
	des eichfähigen Getreideprobers zu		des Hektoliter= oder Scheffel= gewichts	in englischem	in amerika= nischem		in russischem
	1 l	20 l		Maß und Gewicht			
1.	2.	3.	4.	5.	6.	7.	8.
Gramm im ¼ Liter	Gramm im 1 Liter	Kilo= gramm im 20 Liter	Kilo= gramm im Hekto= liter oder Pfund im Scheffel	Pfund englisch im Imp. Quarter	Pfund englisch im Bushel	Pfund englisch im amerik. Bushel	Pud im Tschetwert	Pfund im Tschetwert
168	669	13,175	66,0	423	52,9	51,3	8	18,5
168,5	671	13,22	66,25	425	53,1	51,5	8	19,5
169	673	13,265	66,45	426	53,3	51,6	8	20,5
169,5	675	13,305	66,7	428	53,5	51,8	8	22
170	677	13,35	66,9	429	53,6	52,0	8	23
170,5	679	13,395	67,15	430	53,8	52,2	8	24
171	681	13,44	67,35	432	54,0	52,3	8	25
171,5	683	13,485	67,6	433	54,2	52,5	8	26,5
172	685	13,525	67,8	435	54,3	52,7	8	27,5
172,5	687,5	13,57	68,05	436	54,5	52,9	8	29
173	689,5	13,615	68,25	438	54,7	53,0	8	30
173,5	691,5	13,66	68,5	439	54,9	53,2	8	31
174	693,5	13,705	68,7	440	55,1	53,4	8	32
174,5	695,5	13,745	68,95	442	55,3	53,6	8	33,5
175	697,5	13,79	69,15	443	55,4	53,7	8	34,5
175,5	699,5	13,835	69,4	445	55,6	53,9	8	35,5
176	701,5	13,88	69,6	446	55,8	54,1	8	37
176,5	703,5	13,92	69,85	448	56,0	54,3	8	38
177	705,5	13,965	70,05	449	56,1	54,4	8	39
177,5	707,5	14,01	70,3	451	56,3	54,6	9	0,5
178	709,5	14,055	70,5	452	56,5	54,8	9	1,5
178,5	711,5	14,10	70,75	454	56,7	55,0	9	2,5
179	713,5	14,14	70,95	455	56,9	55,1	9	3,5
179,5	715,5	14,185	71,2	456	57,1	55,3	9	5
180	717,5	14,23	71,4	458	57,2	55,5	9	6
180,5	719,5	14,275	71,65	459	57,4	55,7	9	7,5
181	721,5	14,32	71,85	461	57,6	55,8	9	8,5
181,5	723,5	14,36	72,1	462	57,8	56,0	9	9,5
182	725,5	14,405	72,3	463	57,9	56,2	9	10,5
182,5	727,5	14,45	72,5	465	58,1	56,3	9	11,5
183	729,5	14,495	72,75	466	58,3	56,5	9	13
183,5	731,5	14,54	72,95	468	58,5	56,7	9	14
184	733,5	14,58	73,2	469	58,7	56,9	9	15
184,5	735,5	14,625	73,4	471	58,8	57,0	9	16
185	737,5	14,67	73,65	472	59,0	57,2	9	17,5
185,5	739,5	14,715	73,85	473	59,2	57,4	9	18,5
186	741,5	14,755	74,1	475	59,4	57,6	9	20
186,5	744	14,80	74,3	476	59,5	57,7	9	21
187	746	14,845	74,55	478	59,7	57,9	9	22

Tafel 1
zur Entnahme der zu den Angaben des eichfähigen Getreideprobers zu ¼ l zugehörigen Angaben anderer Proben
a) für Weizen.

Angaben des eichfähigen Getreideprobers zu ¼ l	des eichfähigen Getreideprobers zu 1 l	des eichfähigen Getreideprobers zu 20 l	Zugehörige Angaben des Hektoliter oder Scheffelgewichts	in englischem Maß und Gewicht	in amerikanischem Maß und Gewicht		in russischem
1.	2.	3.	4.	5.	6.	7.	8.
Gramm im ¼ Liter	Gramm im 1 Liter	Kilogramm im 20 Liter	Kilogramm im Hektoliter oder Pfund im Scheffel	Pfund englisch im Imp. Quarter	Pfund englisch im Bushel	Pfund englisch im amerik. Bushel	Pud / Pfund im Tschetwert
187,5	748	14,89	74,75	479	59,9	58,1	9 / 23
188	750	14,935	75,0	481	60,1	58,3	9 / 24,5
188,5	752	14,975	75,2	482	60,3	58,4	9 / 25,5
189	754	15,02	75,45	484	60,5	58,6	9 / 26,5
189,5	756	15,065	75,65	485	60,6	58,8	9 / 28
190	758	15,11	75,9	487	60,8	59,0	9 / 29
190,5	760	15,155	76,1	488	61,0	59,1	9 / 30
191	762	15,195	76,35	489	61,2	59,3	9 / 31,5
191,5	764	15,24	76,55	491	61,3	59,5	9 / 32,5
192	766	15,285	76,8	492	61,5	59,7	9 / 33,5
192,5	768	15,33	77,0	494	61,7	59,8	9 / 34,5
193	770	15,375	77,25	495	61,9	60,0	9 / 36
193,5	772	15,415	77,45	496	62,1	60,2	9 / 37
194	774	15,46	77,7	498	62,3	60,4	9 / 38,5
194,5	776	15,505	77,9	499	62,4	60,5	9 / 39,5
195	778	15,55	78,15	501	62,6	60,7	10 / 0,5
195,5	780	15,59	78,35	502	62,8	60,9	10 / 1,5
196	782	15,635	78,6	504	63,0	61,1	10 / 3
196,5	784	15,68	78,8	505	63,1	61,2	10 / 4
197	786	15,725	79,0	506	63,3	61,4	10 / 5
197,5	788	15,77	79,25	508	63,5	61,6	10 / 6
198	790	15,81	79,45	509	63,7	61,7	10 / 7
198,5	792	15,855	79,7	511	63,9	61,9	10 / 8,5
199	794	15,90	79,9	512	64,0	62,1	10 / 9,5
199,5	796	15,945	80,15	514	64,2	62,3	10 / 11
200	798	15,99	80,35	515	64,4	62,4	10 / 12
200,5	800,5	16,03	80,6	517	64,6	62,6	10 / 13
201	802,5	16,075	80,8	518	64,8	62,8	10 / 14
201,5	804,5	16,12	81,05	520	65,0	63,0	10 / 15,5
202	806,5	16,165	81,25	521	65,1	63,1	10 / 16,5
202,5	808,5	16,205	81,5	522	65,3	63,3	10 / 17,5
203	810,5	16,25	81,7	524	65,5	63,5	10 / 19
203,5	812,5	16,295	81,95	525	65,7	63,7	10 / 20
204	814,5	16,34	82,15	527	65,8	63,8	10 / 21
204,5	816,5	16,385	82,4	528	66,0	64,0	10 / 22,5

Tafel 1
zur Entnahme der zu den Angaben des eichfähigen Getreideprobers zu ¼ l zugehörigen Angaben anderer Proben
b) für Roggen.

Angaben des eichfähigen Getreide- probers zu ¼ l	des eichfähigen Getreideprobers zu		Zugehörige Angaben				
			des Hektoliter- oder Scheffel- gewichts	in englischem	in amerika- nischem	in russischem	
	1 l	20 l		Maß und Gewicht			
1.	2.	3.	4.	5.	6.	7.	8.
Gramm im ¼ Liter	Gramm im 1 Liter	Kilo- gramm im 20 Liter	Kilo- gramm im Hekto- liter oder Pfund im Scheffel	Pfund englisch im Imp. Quarter	Pfund englisch im Bushel	Pfund englisch im amerik. Bushel	Pud im	Pfund Tschetwert
164	655	13,065	65,0	417	52,1	50,5	8	13
164,5	657	13,105	65,25	418	52,3	50,7	8	14,5
165	659	13,15	65,45	420	52,4	50,8	8	15,5
165,5	661	13,19	65,65	421	52,6	51,0	8	16,5
166	663	13,23	65,9	422	52,8	51,2	8	18
166,5	665	13,275	66,1	424	53,0	51,4	8	19
167	667	13,315	66,3	425	53,1	51,5	8	20
167,5	668,5	13,355	66,5	426	53,3	51,7	8	21
168	670,5	13,40	66,75	428	53,5	51,9	8	22
168,5	672,5	13,44	66,95	429	53,7	52,0	8	23
169	674,5	13,48	67,15	430	53,8	52,2	8	24
169,5	676,5	13,525	67,4	432	54,0	52,4	8	25,5
170	678,5	13,565	67,6	433	54,2	52,5	8	26,5
170,5	680,5	13,605	67,8	435	54,3	52,7	8	27,5
171	682,5	13,645	68,05	436	54,5	52,9	8	29
171,5	684,5	13,69	68,25	438	54,7	53,0	8	30
172	686,5	13,73	68,45	439	54,9	53,2	8	31
172,5	688,5	13,77	68,7	440	55,1	53,4	8	32
173	690,5	13,815	68,9	442	55,2	53,5	8	33
173,5	692,5	13,855	69,1	443	55,4	53,7	8	34
174	694,5	13,895	69,35	445	55,6	53,9	8	35,5
174,5	696	13,94	69,55	446	55,7	54,0	8	36,5
175	698	13,98	69,75	447	55,9	54,2	8	37,5
175,5	700	14,02	70,0	449	56,1	54,4	8	39
176	702	14,06	70,2	450	56,3	54,5	9	0
176,5	704	14,105	70,4	451	56,4	54,7	9	1
177	706	14,145	70,65	453	56,6	54,9	9	2
177,5	708	14,185	70,85	454	56,8	55,0	9	3
178	710	14,23	71,05	455	56,9	55,2	9	4
178,5	712	14,27	71,3	457	57,1	55,4	9	5,5
179	714	14,31	71,5	458	57,3	55,5	9	6,5
179,5	716	14,355	71,7	460	57,5	55,7	9	7,5
180	718	14,395	71,9	461	57,6	55,9	9	8,5
180,5	720	14,435	72,15	463	57,8	56,1	9	10
181	722	14,48	72,35	464	58,0	56,2	9	11
181,5	724	14,52	72,55	465	58,1	56,4	9	12
182	725,5	14,56	72,8	467	58,3	56,6	9	13

Tafel 1
zur Entnahme der zu den Angaben des **eichfähigen Getreideprobers** zu ¼ *l* zugehörigen Angaben anderer Proben
b) für Roggen.

Angaben des eichfähigen Getreideprobers zu ¼ *l*	des eichfähigen Getreideprobers zu 1 *l*	des eichfähigen Getreideprobers zu 20 *l*	Zugehörige Angaben des Hektoliter- oder Scheffel- gewichts	in englischem Maß	in amerikanischem und Gewicht	in russischem		
1.	2.	3.	4.	5.	6.	7.	8.	
Gramm im ¼ Liter	Gramm im 1 Liter	Kilogramm im 20 Liter	Kilogramm im Hektoliter oder Pfund im Scheffel	Pfund englisch im Imp. Quarter	Pfund englisch im Bushel	Pfund englisch im amerik. Bushel	Pud im	Pfund Tschetwert
182,5	727,5	14,60	73,0	468	58,5	56,7	9	14
183	729,5	14,645	73,2	469	58,7	56,9	9	15
183,5	731,5	14,685	73,45	471	58,9	57,1	9	16,5
184	733,5	14,725	73,65	472	59,0	57,2	9	17,5
184,5	735,5	14,77	73,85	473	59,2	57,4	9	18,5
185	737,5	14,81	74,1	475	59,4	57,6	9	20
185,5	739,5	14,85	74,3	476	59,5	57,7	9	21
186	741,5	14,895	74,5	478	59,7	57,9	9	22
186,5	743,5	14,935	74,75	479	59,9	58,1	9	23
187	745,5	14,975	74,95	480	60,1	58,2	9	24
187,5	747,5	15,02	75,15	482	60,2	58,4	9	25
188	749,5	15,06	75,4	483	60,4	58,6	9	26,5
188,5	751,5	15,10	75,6	485	60,6	58,7	9	27,5
189	753	15,14	75,8	486	60,7	58,9	9	28,5
189,5	755	15,185	76,05	488	60,9	59,1	9	30
190	757	15,225	76,25	489	61,1	59,2	9	31
190,5	759	15,265	76,45	490	61,3	59,4	9	32
191	761	15,31	76,7	492	61,5	59,6	9	33
191,5	763	15,35	76,9	493	61,6	59,7	9	34
192	765	15,39	77,1	494	61,8	59,9	9	35
192,5	767	15,435	77,3	496	61,9	60,1	9	36
193	769	15,475	77,55	497	62,1	60,2	9	37,5
193,5	771	15,515	77,75	498	62,3	60,4	9	38,5
194	773	15,56	77,95	500	62,5	60,6	9	39,5
194,5	775	15,60	78,2	501	62,7	60,8	10	1
195	777	15,64	78,4	503	62,8	60,9	10	2
195,5	779	15,68	78,6	504	63,0	61,1	10	3
196	781	15,725	78,85	505	63,2	61,3	10	4
196,5	782,5	15,765	79,05	507	63,3	61,4	10	5
197	784,5	15,805	79,25	508	63,5	61,6	10	6
197,5	786,5	15,85	79,5	510	63,7	61,8	10	7,5
198	788,5	15,89	79,7	511	63,9	61,9	10	8,5
198,5	790,5	15,93	79,9	512	64,0	62,1	10	9,5

Tafel 1
zur Entnahme der zu den Angaben des eichfähigen Getreideprobers zu ¼ *l* zugehörigen Angaben anderer Proben
c) für Hafer.

Angaben des eichfähigen Getreide= probers zu ¼ *l*	Angaben des eichfähigen Getreideprobers zu		Zugehörige Angaben					
	1 *l*	20 *l*	des Hektoliter= oder Scheffel= gewichts	in englischem	in amerika= nischem	in russischem		
				Maß und Gewicht				
1.	2.	3.	4.	5.	6.	7.	8.	
Gramm im ¼ Liter	Gramm im 1 Liter	Kilo= gramm im 20 Liter	Kilo= gramm im Hekto= liter oder Pfund im Scheffel	Pfund englisch im Imp. Quarter	Pfund englisch im Bushel	Pfund englisch im amerik. Bushel	Pud im	Pfund Tschetwert
101	407	8,015	39,55	254	31,7	30,7	5	2,5
101,5	409	8,055	39,75	255	31,9	30,9	5	3,5
102	411	8,095	39,95	256	32,0	31,0	5	5
102,5	413	8,135	40,15	257	32,2	31,2	5	6
103	415	8,175	40,35	259	32,3	31,3	5	7
103,5	417	8,22	40,6	260	32,5	31,5	5	8
104	419	8,26	40,8	262	32,7	31,7	5	9
104,5	421	8,30	41,0	263	32,9	31,9	5	10
105	423	8,34	41,2	264	33,0	32,0	5	11
105,5	425	8,38	41,4	265	33,2	32,2	5	12
106	427	8,425	41,65	267	33,4	32,4	5	13,5
106,5	429	8,465	41,85	268	33,5	32,5	5	14,5
107	431	8,505	42,05	270	33,7	32,7	5	15,5
107,5	433	8,545	42,25	271	33,9	32,8	5	16,5
108	435	8,585	42,45	272	34,0	33,0	5	17,5
108,5	437	8,63	42,65	273	34,2	33,1	5	18,5
109	439	8,67	42,9	275	34,4	33,3	5	20
109,5	441	8,71	43,1	276	34,5	33,5	5	21
110	443	8,75	43,3	278	34,7	33,6	5	22
110,5	445	8,79	43,5	279	34,9	33,8	5	23
111	447	8,83	43,7	280	35,0	34,0	5	24
111,5	449	8,875	43,9	281	35,2	34,1	5	25
112	451	8,915	44,15	283	35,4	34,3	5	26,5
112,5	452,5	8,955	44,35	284	35,5	34,5	5	27,5
113	454,5	8,995	44,55	286	35,7	34,6	5	28,5
113,5	456,5	9,035	44,75	287	35,9	34,8	5	29,5
114	458,5	9,08	44,95	288	36,0	34,9	5	30,5
114,5	460,5	9,12	45,2	290	36,2	35,1	5	31,5
115	462,5	9,16	45,4	291	36,4	35,3	5	32,5
115,5	464,5	9,20	45,6	292	36,5	35,4	5	33,5
116	466,5	9,24	45,8	294	36,7	35,6	5	35
116,5	468,5	9,285	46,0	295	36,9	35,7	5	36
117	470,5	9,325	46,2	296	37,0	35,9	5	37
117,5	472,5	9,365	46,45	298	37,2	36,1	5	38
118	474,5	9,405	46,65	299	37,4	36,2	5	39
118,5	476,5	9,445	46,85	300	37,5	36,4	6	0
119	478,5	9,485	47,05	302	37,7	36,6	6	1
119,5	480,5	9,53	47,25	303	37,9	36,7	6	2

Tafel 1

zur Entnahme der zu den Angaben des eichfähigen Getreideprobers zu ¼ *l* zugehörigen Angaben anderer Proben

c) für Hafer.

Angaben des eichfähigen Getreide- probers zu ¼ *l*	des eichfähigen Getreideprobers zu 1 *l*	des eichfähigen Getreideprobers zu 20 *l*	Zugehörige Angaben des Hektoliter- oder Scheffel- gewichts	in englischem	in amerika- nischem	in russischem
				Maß und Gewicht		
1.	2.	3.	4.	5.	6.	7.	8.

Gramm im ¼ Liter	Gramm im 1 Liter	Kilo- gramm im 20 Liter	Kilo- gramm im Hekto- liter oder Pfund im Scheffel	Pfund englisch im Imp. Quarter	Pfund englisch im Bushel	Pfund englisch im amerik. Bushel	Pud im Tschetwert	Pfund
120	482,5	9,57	47,45	304	38,0	36,9	6	3
120,5	484,5	9,61	47,7	306	38,2	37,1	6	4,5
121	486,5	9,65	47,9	307	38,4	37,2	6	5,5
121,5	488,5	9,69	48,1	308	38,5	37,4	6	6,5
122	490,5	9,735	48,3	310	38,7	37,5	6	7,5
122,5	492,5	9,775	48,5	311	38,9	37,7	6	8,5
123	494,5	9,815	48,75	313	39,1	37,9	6	10
123,5	496,5	9,855	48,95	314	39,2	38,0	6	11
124	498,5	9,895	49,15	315	39,4	38,2	6	12
124,5	500	9,94	49,35	316	39,5	38,3	6	13
125	502	9,98	49,55	318	39,7	38,5	6	14
125,5	504	10,02	49,75	319	39,9	38,7	6	15
126	506	10,06	50,0	321	40,1	38,8	6	16,5
126,5	508	10,10	50,2	322	40,2	39,0	6	17,5
127	510	10,14	50,4	323	40,4	39,2	6	18,5
127,5	512	10,185	50,6	324	40,5	39,3	6	19,5
128	514	10,225	50,8	326	40,7	39,5	6	20,5
128,5	516	10,265	51,0	327	40,9	39,6	6	21,5
129	518	10,305	51,25	329	41,1	39,8	6	22,5
129,5	520	10,345	51,45	330	41,2	40,0	6	23,5
130	522	10,39	51,65	331	41,4	40,1	6	24,5
130,5	524	10,43	51,85	332	41,6	40,3	6	26
131	526	10,47	52,05	334	41,7	40,4	6	27
131,5	528	10,51	52,25	335	41,9	40,6	6	28
132	530	10,55	52,5	337	42,1	40,8	6	29
132,5	532	10,595	52,7	338	42,2	40,9	6	30
133	534	10,635	52,9	339	42,4	41,1	6	31
133,5	536	10,675	53,1	340	42,6	41,3	6	32
134	538	10,715	53,3	342	42,7	41,4	6	33
134,5	540	10,755	53,55	343	42,9	41,6	6	34,5
135	542	10,795	53,75	345	43,1	41,8	6	35,5
135,5	544	10,84	53,95	346	43,2	41,9	6	36,5
136	546	10,88	54,15	347	43,4	42,1	6	37,5
136,5	547,5	10,92	54,35	348	43,6	42,2	6	38,5
137	549,5	10,96	54,55	350	43,7	42,4	6	39,5
137,5	551,5	11,00	54,8	351	43,9	42,6	7	1
138	553,5	11,045	55,0	353	44,1	42,7	7	2
138,5	555,5	11,085	55,2	354	44,2	42,9	7	3
139	557,5	11,125	55,4	355	44,4	43,0	7	4
139,5	559,5	11,165	55,6	356	44,6	43,2	7	5

Tafel 1
zur Entnahme der zu den Angaben des eichfähigen Getreideprobers zu ¼ l zugehörigen Angaben anderer Proben
c) für Hafer.

Angaben des eichfähigen Getreideprobers zu ¼ l	des eichfähigen Getreideprobers zu		Zugehörige Angaben				
			des Hektoliter- oder Scheffel- gewichts	in englischem	in amerikanischem		in russischem
	1 l	20 l		Maß und Gewicht			
1.	2.	3.	4.	5.	6.	7.	8.
Gramm im ¼ Liter	Gramm im 1 Liter	Kilogramm im 20 Liter	Kilogramm im Hektoliter oder Pfund im Scheffel	Pfund englisch im Imp. Quarter	Pfund englisch im Bushel	Pfund englisch im amerik. Bushel	Pud im Tschetwert	Pfund
140	561,5	11,205	55,8	358	44,7	43,4	7	6
140,5	563,5	11,25	56,05	359	44,9	43,5	7	7,5
141	565,5	11,29	56,25	361	45,1	43,7	7	8,5
141,5	567,5	11,33	56,45	362	45,2	43,9	7	9,5
142	569,5	11,37	56,65	363	45,4	44,0	7	10,5
142,5	571,5	11,41	56,85	364	45,6	44,2	7	11,5
143	573,5	11,45	57,1	366	45,8	44,4	7	12,5
143,5	575,5	11,495	57,3	367	45,9	44,5	7	13,5
144	577,5	11,535	57,5	369	46,1	44,7	7	14,5
144,5	579,5	11,575	57,7	370	46,2	44,8	7	16
145	581,5	11,615	57,9	371	46,4	45,0	7	17
145,5	583,5	11,655	58,1	372	46,6	45,1	7	18
146	585,5	11,70	58,35	374	46,8	45,3	7	19
146,5	587,5	11,74	58,55	375	46,9	45,5	7	20
147	589,5	11,78	58,75	377	47,1	45,6	7	21
147,5	591,5	11,82	58,95	378	47,2	45,8	7	22
148	593	11,86	59,15	379	47,4	46,0	7	23
148,5	595	11,905	59,35	380	47,6	46,1	7	24
149	597	11,945	59,6	382	47,8	46,3	7	25,5
149,5	599	11,985	59,8	383	47,9	46,5	7	26,5

Tafel 1
zur Entnahme der zu den Angaben des eichfähigen Getreideprobers zu ¼ l zugehörigen Angaben anderer Proben
d) für Gerste.

Angaben des eichfähigen Getreidepobers zu ¼ l	des eichfähigen Getreideprobers zu		Zugehörige Angaben				
	1 l	20 l	des Hektoliter- oder Scheffel- gewichts	in englischem	in amerika- nischem	in russischem	
				Maß und Gewicht			
1.	2.	3.	4.	5.	6.	7.	8.
Gramm im ¼ Liter	Gramm im 1 Liter	Kilo- gramm im 20 Liter	Kilo- gramm im Hekto- liter oder Pfund im Scheffel	Pfund englisch im Imp. Quarter	Pfund englisch im Bushel	Pfund englisch im amerik. Bushel	Pud	Pfund im Tschetwert
126	504,5	10,005	49,65	318	39,8	38,6	6	14,5
126,5	506,5	10,045	49,85	320	39,9	38,7	6	15,5
127	508,5	10,085	50,05	321	40,1	38,9	6	16,5
127,5	510,5	10,13	50,3	322	40,3	39,1	6	18
128	512,5	10,17	50,5	324	40,5	39,2	6	19
128,5	514,5	10,21	50,7	325	40,6	39,4	6	20
129	516,5	10,25	50,9	326	40,8	39,5	6	21
129,5	518,5	10,29	51,1	328	40,9	39,7	6	22
130	520,5	10,335	51,3	329	41,1	39,9	6	23
130,5	522,5	10,375	51,55	330	41,3	40,0	6	24
131	524,5	10,415	51,75	332	41,5	40,2	6	25,5
131,5	526,5	10,455	51,95	333	41,6	40,4	6	26,5
132	528,5	10,495	52,15	334	41,8	40,5	6	27,5
132,5	530,5	10,535	52,35	336	42,0	40,7	6	28,5
133	532,5	10,58	52,55	337	42,1	40,8	6	29,5
133,5	534,5	10,62	52,8	338	42,3	41,0	6	30,5
134	536,5	10,66	53,0	340	42,5	41,2	6	31,5
134,5	538,5	10,70	53,2	341	42,6	41,3	6	32,5
135	540,5	10,74	53,4	342	42,8	41,5	6	33,5
135,5	542,5	10,785	53,6	344	43,0	41,6	6	34,5
136	544,5	10,825	53,8	345	43,1	41,8	6	36
136,5	546,5	10,865	54,05	346	43,3	42,0	6	37
137	548,5	10,905	54,25	348	43,5	42,1	6	38
137,5	550,5	10,945	54,45	349	43,6	42,3	6	39
138	552,5	10,99	54,65	350	43,8	42,5	7	0
138,5	554,5	11,03	54,85	352	44,0	42,6	7	1
139	556,5	11,07	55,05	353	44,1	42,8	7	2
139,5	558,5	11,11	55,3	355	44,3	43,0	7	3,5
140	560,5	11,15	55,5	356	44,5	43,1	7	4,5
140,5	562,5	11,19	55,7	357	44,6	43,3	7	5,5
141	564,5	11,235	55,9	358	44,8	43,4	7	6,5
141,5	566,5	11,275	56,1	360	45,0	43,6	7	7,5
142	568,5	11,315	56,3	361	45,1	43,7	7	8,5
142,5	570,5	11,355	56,55	363	45,3	43,9	7	10
143	572,5	11,395	56,75	364	45,5	44,1	7	11
143,5	574,5	11,44	56,95	365	45,6	44,2	7	12
144	576,5	11,48	57,15	366	45,8	44,4	7	13
144,5	578,5	11,52	57,35	368	46,0	44,6	7	14

Tafel 1

zur Entnahme der zu den Angaben des eichfähigen Getreideprobers zu ¼ *l* zugehörigen Angaben anderer Proben

d) für Gerste.

Angaben des eichfähigen Getreide= probers zu ¼ *l*	des eichfähigen Getreideprobers zu		Zugehörige Angaben					
			des Hektoliter= oder Scheffel= gewichts	in englischem		in amerika= nischem	in russischem	
	1 *l*	20 *l*		Maß und Gewicht				
1.	2.	3.	4.	5.	6.	7.	8.	
Gramm im ¼ Liter	Gramm im 1 Liter	Kilo= gramm im 20 Liter	Kilo= gramm im Hekto= liter oder Pfund im Scheffel	Pfund englisch im Imp. Quarter	Pfund englisch im Bushel	Pfund englisch im amerik. Bushel	Pud im Tschetwert	Pfund
145	580,5	11,56	57,55	369	46,1	44,7	7	15
145,5	582,5	11,60	57,8	371	46,3	44,9	7	16,5
146	584,5	11,645	58,0	372	46,5	45,1	7	17,5
146,5	586,5	11,685	58,2	373	46,6	45,2	7	18,5
147	588,5	11,725	58,4	374	46,8	45,4	7	19,5
147,5	590,5	11,765	58,6	376	47,0	45,5	7	20,5
148	592,5	11,805	58,8	377	47,1	45,7	7	21,5
148,5	594,5	11,845	59,05	379	47,3	45,9	7	22,5
149	596,5	11,89	59,25	380	47,5	46,0	7	23,5
149,5	598,5	11,93	59,45	381	47,6	46,2	7	24,5
150	600,5	11,97	59,65	382	47,8	46,3	7	26
150,5	602,5	12,01	59,85	384	48,0	46,5	7	27
151	604,5	12,05	60,05	385	48,1	46,7	7	28
151,5	606,5	12,095	60,3	387	48,3	46,8	7	29
152	608,5	12,135	60,5	388	48,5	47,0	7	30
152,5	610,5	12,175	60,7	389	48,6	47,2	7	31
153	612,5	12,215	60,9	390	48,8	47,3	7	32
153,5	614,5	12,255	61,1	392	49,0	47,5	7	33
154	616,5	12,30	61,35	393	49,2	47,7	?	34,5
154,5	618,5	12,34	61,55	395	49,3	47,8	7	35,5
155	620,5	12,38	61,75	396	49,5	48,0	7	36,5
155,5	622,5	12,42	61,95	397	49,6	48,1	7	37,5
156	624,5	12,46	62,15	398	49,8	48,3	7	38,5
156,5	626,5	12,50	62,35	400	50,0	48,4	7	39,5
157	628,5	12,545	62,6	401	50,2	48,6	8	1
157,5	630,5	12,585	62,8	403	50,3	48,8	8	2
158	632,5	12,625	63,0	404	50,5	48,9	8	3
158,5	635	12,665	63,2	405	50,6	49,1	8	4
159	637	12,705	63,4	406	50,8	49,3	8	5
159,5	639	12,75	63,6	408	51,0	49,4	8	6
160	641	12,79	63,85	409	51,2	49,6	8	7,5
160,5	643	12,83	64,05	411	51,3	49,8	8	8,5
161	645	12,87	64,25	412	51,5	49,9	8	9,5
161,5	647	12,91	64,45	413	51,6	50,1	8	10,5
162	649	12,95	64,65	414	51,8	50,2	8	11,5
162,5	651	12,995	64,85	416	52,0	50,4	8	12,5
163	653	13,035	65,1	417	52,2	50,6	8	13,5
163,5	655	13,075	65,3	419	52,3	50,7	8	14,5
164	657	13,115	65,5	420	52,5	50,9	8	15,5
164,5	659	13,155	65,7	421	52,6	51,0	8	17

Tafel 1
zur Entnahme der zu den Angaben des **eichfähigen Getreideprobers** zu ¼ *l* zugehörigen Angaben anderer Proben
d) für Gerste.

Angaben des eichfähigen Getreideprobers zu ¼ *l*	des eichfähigen Getreideprobers zu 1 *l*	zu 20 *l*	Zugehörige Angaben des Hektoliter- oder Scheffelgewichts	in englischem Maß und Gewicht		in amerikanischem	in russischem
1.	2.	3.	4.	5.	6.	7.	8.
Gramm im ¼ Liter	Gramm im 1 Liter	Kilogramm im 20 Liter	Kilogramm im Hektoliter oder Pfund im Scheffel	Pfund englisch im Imp. Quarter	Pfund englisch im Bushel	Pfund englisch im amerik. Bushel	Pud im Tschetwert	Pfund
165	661	13,20	65,9	422	52,8	51,2	8	18
165,5	663	13,24	66,1	424	53,0	51,4	8	19
166	665	13,28	66,35	425	53,2	51,5	8	20
166,5	667	13,32	66,55	427	53,3	51,7	8	21
167	669	13,36	66,75	428	53,5	51,9	8	22
167,5	671	13,405	66,95	429	53,7	52,0	8	23
168	673	13,445	67,15	430	53,8	52,2	8	24
168,5	675	13,485	67,35	432	54,0	52,3	8	25
169	677	13,525	67,6	433	54,2	52,5	8	26,5
169,5	679	13,565	67,8	435	54,3	52,7	8	27,5
170	681	13,605	68,0	436	54,5	52,8	8	28,5
170,5	683	13,65	68,2	437	54,7	53,0	8	29,5
171	685	13,69	68,4	438	54,8	53,1	8	30,5
171,5	687	13,73	68,6	440	55,0	53,3	8	31,5
172	689	13,77	68,85	441	55,2	53,5	8	33
172,5	691	13,81	69,05	443	55,3	53,6	8	34
173	693	13,855	69,25	444	55,5	53,8	8	35
173,5	695	13,895	69,45	445	55,7	54,0	8	36
174	697	13,935	69,65	446	55,8	54,1	8	37
174,5	699	13,975	69,85	448	56,0	54,3	8	38
175	701	14,015	70,1	449	56,2	54,5	8	39,5
175,5	703	14,06	70,3	451	56,3	54,6	9	0,5
176	705	14,10	70,5	452	56,5	54,8	9	1,5
176,5	707	14,14	70,7	453	56,7	54,9	9	2,5
177	709	14,18	70,9	455	56,8	55,1	9	3,5
177,5	711	14,22	71,1	456	57,0	55,2	9	4,5
178	713	14,26	71,35	457	57,2	55,4	9	5,5
178,5	715	14,305	71,55	459	57,3	55,6	9	6,5
179	717	14,345	71,75	460	57,5	55,7	9	8
179,5	719	14,385	71,95	461	57,7	55,9	9	9
180	721	14,425	72,15	463	57,8	56,1	9	10
180,5	723	14,465	72,35	464	58,0	56,2	9	11
181	725	14,51	72,6	465	58,2	56,4	9	12
181,5	727	14,55	72,8	467	58,3	56,6	9	13
182	729	14,59	73,0	468	58,5	56,7	9	14
182,5	731	14,63	73,2	469	58,7	56,9	9	15
183	733	14,67	73,4	471	58,8	57,0	9	16
183,5	735	14,715	73,6	472	59,0	57,2	9	17,5
184	737	14,755	73,85	473	59,2	57,4	9	18,5
184,5	739	14,795	74,05	475	59,3	57,5	9	19,5

Tafel 1

zur Entnahme der zu den Angaben des **eichfähigen Getreideprobers** zu ¼ l zugehörigen Angaben anderer Proben.

d) für Gerste.

Angaben des eichfähigen Getreide= probers zu ¼ l	Zugehörige Angaben						
	des eichfähigen Getreideprobers zu		des Hektoliter= oder Scheffel= gewichts	in englischem	in amerika= nischem		in russischem
	1 l	20 l		Maß und Gewicht			
1.	2.	3.	4.	5.	6.	7.	8.
Gramm im ¼ Liter	Gramm im 1 Liter	Kilo= gramm im 20 Liter	Kilo= gramm im Hekto= liter oder Pfund im Scheffel	Pfund englisch im Imp. Quarter	Pfund englisch im Bushel	Pfund englisch im amerik. Bushel	Pud im Tschetwert / Pfund
185	741	14,835	74,25	476	59,5	57,7	9 / 20,5
185,5	743	14,875	74,45	477	59,7	57,8	9 / 21,5
186	745	14,915	74,65	479	59,8	58,0	9 / 22,5
186,5	747	14,96	74,85	480	60,0	58,2	9 / 23,5
187	749	15,00	75,1	481	60,2	58,3	9 / 25

Tafel 2

zur Entnahme der zu den Angaben **des eichfähigen Getreideprobers zu 1 l** zugehörigen Angaben anderer Proben.

———

Tafel 2
zur Entnahme der zu den Angaben des eichfähigen Getreideprobers zu 1 *l* zugehörigen Angaben anderer Proben
a) für Weizen.

Angaben des eichfähigen Getreideprobers zu 1 *l*	des eichfähigen Getreideprobers zu ¼ *l*	des eichfähigen Getreideprobers zu 20 *l*	Zugehörige Angaben				
			des Hektoliter- oder Scheffelgewichts	in englischem	in amerikanischem		in russischem
				Maß und Gewicht			
1.	2.	3.	4.	5.	6.	7.	8.
Gramm im 1 Liter	Gramm im ¼ Liter	Kilogramm im 20 Liter	Kilogramm im Hektoliter oder Pfund im Scheffel	Pfund englisch im Imp. Quarter	Pfund englisch im Bushel	Pfund englisch im amerik. Bushel	Pud im Tschetwert	Pfund
669	168	13,175	66,0	423	52,9	51,3	8	18,5
670	168	13,195	66,1	424	53,0	51,4	8	19
671	168,5	13,215	66,25	425	53,1	51,5	8	19,5
672	168,5	13,24	66,35	425	53,2	51,5	8	20
673	169	13,26	66,45	426	53,3	51,6	8	20,5
674	169	13,28	66,55	427	53,3	51,7	8	21
675	169,5	13,305	66,7	428	53,5	51,8	8	22
676	169,5	13,325	66,8	428	53,5	51,9	8	22,5
677	170	13,35	66,9	429	53,6	52,0	8	23
678	170	13,37	67,0	430	53,7	52,1	8	23,5
679	170,5	13,39	67,1	430	53,8	52,1	8	24
680	170,5	13,415	67,25	431	53,9	52,2	8	24,5
681	171	13,435	67,35	432	54,0	52,3	8	25
682	171	13,455	67,45	432	54,1	52,4	8	25,5
683	171,5	13,48	67,55	433	54,1	52,5	8	26
684	171,5	13,50	67,7	434	54,3	52,6	8	27
685	172	13,52	67,8	435	54,3	52,7	8	27,5
686	172	13,545	67,9	435	54,4	52,8	8	28
687	172,5	13,565	68,0	436	54,5	52,8	8	28,5
688	172,5	13,585	68,1	437	54,6	52,9	8	29
689	173	13,61	68,25	438	54,7	53,0	8	30
690	173	13,63	68,35	438	54,8	53,1	8	30,5
691	173,5	13,65	68,45	439	54,9	53,2	8	31
692	173,5	13,675	68,55	439	54,9	53,3	8	31,5
693	174	13,695	68,7	440	55,1	53,4	8	32
694	174	13,72	68,8	441	55,1	53,5	8	32,5
695	174,5	13,74	68,9	442	55,2	53,5	8	33
696	174,5	13,76	69,0	442	55,3	53,6	8	33,5
697	175	13,785	69,1	443	55,4	53,7	8	34
698	175	13,805	69,25	444	55,5	53,8	8	35
699	175,5	13,825	69,35	445	55,6	53,9	8	35,5
700	175,5	13,85	69,45	445	55,7	54,0	8	36
701	176	13,87	69,55	446	55,7	54,0	8	36,5
702	176	13,89	69,7	447	55,9	54,1	8	37,5
703	176,5	13,915	69,8	447	55,9	54,2	8	38
704	176,5	13,935	69,9	448	56,0	54,3	8	38,5

Tafel 2

zur Entnahme der zu den Angaben des eichfähigen Getreideprobers zu 1 l zugehörigen Angaben anderer Proben

a) für Weizen.

Angaben des eichfähigen Getreideprobers zu 1 l	des eichfähigen Getreideprobers zu ¼ l	Zugehörige Angaben					in russischem
		20 l	des Hektoliter oder Scheffelgewichts	in englischem	in amerikanischem		
				Maß und Gewicht			
1.	2.	3.	4.	5.	6.	7.	8.

Gramm im 1 Liter	Gramm im ¼ Liter	Kilogramm im 20 Liter	Kilogramm im Hektoliter oder Pfund im Scheffel	Pfund englisch im Imp. Quarter	Pfund englisch im Bushel	Pfund englisch im amerik. Bushel	Pud im Tschetwert	Pfund
705	177	13,955	70,0	449	56,1	54,4	8	39
706	177	13,98	70,1	449	56,2	54,5	8	39,5
707	177,5	14,00	70,25	450	56,3	54,6	9	0
708	177,5	14,025	70,35	451	56,4	54,7	9	0,5
709	178	14,045	70,45	452	56,5	54,7	9	1
710	178	14,065	70,55	452	56,5	54,8	9	1,5
711	178,5	14,09	70,7	453	56,7	54,9	9	2,5
712	178,5	14,11	70,8	454	56,7	55,0	9	3
713	179	14,13	70,9	455	56,8	55,1	9	3,5
714	179	14,155	71,0	455	56,9	55,2	9	4
715	179,5	14,175	71,1	456	57,0	55,2	9	4,5
716	179,5	14,195	71,25	457	57,1	55,4	9	5
717	180	14,22	71,35	457	57,2	55,4	9	5,5
718	180	14,24	71,45	458	57,3	55,5	9	6
719	180,5	14,26	71,55	459	57,3	55,6	9	6,5
720	180,5	14,285	71,7	460	57,5	55,7	9	7,5
721	181	14,305	71,8	460	57,5	55,8	9	8
722	181	14,325	71,9	461	57,6	55,9	9	8,5
723	181,5	14,35	72,0	462	57,7	55,9	9	9
724	181,5	14,37	72,1	462	57,8	56,0	9	9,5
725	182	14,395	72,25	463	57,9	56,1	9	10,5
726	182	14,415	72,35	464	58,0	56,2	9	11
727	182,5	14,435	72,45	464	58,1	56,3	9	11,5
728	182,5	14,46	72,55	465	58,1	56,4	9	12
729	183	14,48	72,7	466	58,3	56,5	9	12,5
730	183	14,50	72,8	467	58,3	56,6	9	13
731	183,5	14,525	72,9	467	58,4	56,6	9	13,5
732	183,5	14,545	73,0	468	58,5	56,7	9	14
733	184	14,565	73,1	469	58,6	56,8	9	14,5
734	184	14,59	73,25	470	58,7	56,9	9	15,5
735	184,5	14,61	73,35	470	58,8	57,0	9	16
736	184,5	14,63	73,45	471	58,9	57,1	9	16,5
737	185	14,655	73,55	471	58,9	57,1	9	17
738	185	14,675	73,7	472	59,1	57,3	9	18
739	185,5	14,70	73,8	473	59,1	57,3	9	18,5
740	185,5	14,72	73,9	474	59,2	57,4	9	19
741	186	14,74	74,0	474	59,3	57,5	9	19,5
742	186	14,765	74,1	475	59,4	57,6	9	20
743	186,5	14,785	74,25	476	59,5	57,7	9	20,5
744	186,5	14,805	74,35	477	59,6	57,8	9	21

Tafel 2
zur Entnahme der zu den Angaben des **eichfähigen Getreideprobers** zu 1 *l* zugehörigen Angaben anderer Proben
a) für Weizen.

Angaben des eichfähigen Getreideprobers zu 1 *l*	Zugehörige Angaben						
	des eichfähigen Getreideprobers zu		des Hektoliteroder Scheffelgewichts	in englischem	in amerikanischem		in russischem
	¼ *l*	20 *l*			Maß und Gewicht		
1.	2.	3.	4.	5.	6.	7.	8.
Gramm im 1 Liter	Gramm im ¼ Liter	Kilogramm im 20 Liter	Kilogramm im Hektoliter oder Pfund im Scheffel	Pfund englisch im Imp. Quarter	Pfund englisch im Bushel	Pfund englisch im amerik. Bushel	Pud im Tschetwert	Pfund
745	187	14,83	74,45	477	59,7	57,8	9	21,5
746	187	14,85	74,55	478	59,7	57,9	9	22
747	187,5	14,87	74,7	479	59,9	58,0	9	23
748	187,5	14,895	74,8	480	59,9	58,1	9	23,5
749	188	14,915	74,9	480	60,0	58,2	9	24
750	188	14,935	75,0	481	60,1	58,3	9	24,5
751	188,5	14,96	75,1	481	60,2	58,3	9	25
752	188,5	14,98	75,25	482	60,3	58,5	9	25,5
753	189	15,005	75,35	483	60,4	58,5	9	26
754	189	15,025	75,45	484	60,5	58,6	9	26,5
755	189,5	15,045	75,55	484	60,5	58,7	9	27,5
756	189,5	15,07	75,7	485	60,7	58,8	9	28
757	190	15,09	75,8	486	60,7	58,9	9	28,5
758	190	15,11	75,9	487	60,8	59,0	9	29
759	190,5	15,135	76,0	487	60,9	59,0	9	29,5
760	190,5	15,155	76,1	488	61,0	59,1	9	30
761	191	15,175	76,25	489	61,1	59,2	9	31
762	191	15,20	76,35	489	61,2	59,3	9	31,5
763	191,5	15,22	76,45	490	61,3	59,4	9	32
764	191,5	15,24	76,55	491	61,3	59,5	9	32,5
765	192	15,265	76,7	492	61,5	59,6	9	33
766	192	15,285	76,8	492	61,5	59,7	9	33,5
767	192,5	15,305	76,9	493	61,6	59,7	9	34
768	192,5	15,33	77,0	494	61,7	59,8	9	34,5
769	193	15,35	77,1	494	61,8	59,9	9	35
770	193	15,375	77,25	495	61,9	60,0	9	36
771	193,5	15,395	77,35	496	62,0	60,1	9	36,5
772	193,5	15,415	77,45	496	62,1	60,2	9	37
773	193,5	15,44	77,55	497	62,1	60,2	9	37,5
774	194	15,46	77,7	498	62,3	60,4	9	38,5
775	194	15,48	77,8	499	62,3	60,4	9	39
776	194,5	15,505	77,9	499	62,4	60,5	9	39,5
777	194,5	15,525	78,0	500	62,5	60,6	10	0
778	195	15,545	78,1	501	62,6	60,7	10	0,5
779	195	15,57	78,25	502	62,7	60,8	10	1
780	195,5	15,59	78,35	502	62,8	60,9	10	1,5
781	195,5	15,61	78,45	503	62,9	60,9	10	2
782	196	15,635	78,55	504	62,9	61,0	10	2,5
783	196	15,655	78,7	505	63,1	61,1	10	3,5
784	196,5	15,68	78,8	505	63,1	61,2	10	4

Tafel 2

zur Entnahme der zu den Angaben des eichfähigen Getreideprobers zu 1 l zugehörigen Angaben anderer Proben

a) für Weizen.

Angaben des eichfähigen Getreide- probers zu 1 l	des eichfähigen Getreideprobers zu		Zugehörige Angaben				
			des Hektoliter- oder Scheffel- gewichts	in englischem	in amerika- nischem		in russischem
	¼ l	20 l			Maß und Gewicht		
1.	2.	3.	4.	5.	6.	7.	8.
Gramm im 1 Liter	Gramm im ¼ Liter	Kilo- gramm im 20 Liter	Kilo- gramm im Hekto- liter oder Pfund im Scheffel	Pfund englisch im Imp. Quarter	Pfund englisch im Bushel	Pfund englisch im amerik. Bushel	Pud im Tschetwert (Pfund)
785	196,5	15,70	78,9	506	63,2	61,3	10	4,5
786	197	15,72	79,0	506	63,3	61,4	10	5
787	197	15,745	79,1	507	63,4	61,5	10	5,5
788	197,5	15,765	79,25	508	63,5	61,6	10	6
789	197,5	15,785	79,35	509	63,6	61,6	10	6,5
790	198	15,81	79,45	509	63,7	61,7	10	7
791	198	15,83	79,55	510	63,7	61,8	10	8
792	198,5	15,85	79,7	511	63,9	61,9	10	8,5
793	198,5	15,875	79,8	512	63,9	62,0	10	9
794	199	15,895	79,9	512	64,0	62,1	10	9,5
795	199	15,915	80,0	513	64,1	62,2	10	10
796	199,5	15,94	80,1	513	64,2	62,2	10	10,5
797	199,5	15,96	80,25	514	64,3	62,3	10	11,5
798	200	15,98	80,35	515	64,4	62,4	10	12
799	200	16,005	80,45	516	64,5	62,5	10	12,5
800	200,5	16,025	80,55	516	64,6	62,6	10	13
801	200,5	16,05	80,65	517	64,6	62,7	10	13,5
802	201	16,07	80,8	518	64,8	62,8	10	14
803	201	16,09	80,9	519	64,8	62,9	10	14,5
804	201,5	16,115	81,0	519	64,9	62,9	10	15
805	201,5	16,135	81,1	520	65,0	63,0	10	15,5
806	202	16,155	81,25	521	65,1	63,1	10	16,5
807	202	16,18	81,35	521	65,2	63,2	10	17
808	202,5	16,20	81,45	522	65,3	63,3	10	17,5
809	202,5	16,22	81,55	523	65,4	63,4	10	18
810	203	16,245	81,65	523	65,4	63,4	10	18,5
811	203	16,265	81,8	524	65,6	63,6	10	19,5
812	203,5	16,285	81,9	525	65,6	63,6	10	20
813	203,5	16,31	82,0	526	65,7	63,7	10	20,5
814	204	16,33	82,1	526	65,8	63,8	10	21
815	204	16,355	82,25	527	65,9	63,9	10	21,5
816	204,5	16,375	82,35	528	66,0	64,0	10	22

Tafel 2
zur Entnahme der zu den Angaben des **eichfähigen Getreideprobers** zu 1 *l* zugehörigen Angaben anderer Proben
b) für Roggen.

Angaben des eichfähigen Getreibeprobers zu 1 *l*	Zugehörige Angaben						
	des eichfähigen Getreideprobers zu		des Hektoliter- oder Scheffel- gewichts	in englischem	in amerika- nischem	in russischem	
	¼ *l*	20 *l*		Maß und Gewicht			
1.	2.	3.	4.	5.	6.	7.	8.
Gramm im 1 Liter	Gramm im ¼ Liter	Kilo- gramm im 20 Liter	Kilo- gramm im Hekto- liter oder Pfund im Scheffel	Pfund englisch im Imp. Quarter	Pfund englisch im Bushel	Pfund englisch im amerik. Bushel	Pud im Tschetwert / Pfund
655	164	13,065	65,0	417	52,1	50,5	8 / 13
656	164,5	13,09	65,15	418	52,2	50,6	8 / 14
657	164,5	13,11	65,25	418	52,3	50,7	8 / 14,5
658	165	13,13	65,35	419	52,4	50,8	8 / 15
659	165	13,15	65,45	420	52,4	50,8	8 / 15,5
660	165,5	13,17	65,55	420	52,5	50,9	8 / 16
661	165,5	13,195	65,7	421	52,6	51,0	8 / 17
662	166	13,215	65,8	422	52,7	51,1	8 / 17,5
663	166	13,235	65,9	422	52,8	51,2	8 / 18
664	166,5	13,255	66,0	423	52,9	51,3	8 / 18,5
665	166,5	13,28	66,1	424	53,0	51,4	8 / 19
666	167	13,30	66,25	425	53,1	51,5	8 / 19,5
667	167	13,32	66,35	425	53,2	51,5	8 / 20
668	167,5	13,34	66,45	426	53,3	51,6	8 / 20,5
669	167,5	13,36	66,55	427	53,3	51,7	8 / 21
670	168	13,385	66,65	427	53,4	51,8	8 / 21,5
671	168	13,405	66,8	428	53,5	51,9	8 / 22,5
672	168,5	13,425	66,9	429	53,6	52,0	8 / 23
673	168,5	13,445	67,0	430	53,7	52,1	8 / 23,5
674	169	13,47	67,1	430	53,8	52,1	8 / 24
675	169	13,49	67,2	431	53,9	52,2	8 / 24,5
676	169,5	13,51	67,3	431	53,9	52,3	8 / 25
677	169,5	13,53	67,45	432	54,1	52,4	8 / 25,5
678	170	13,555	67,55	433	54,1	52,5	8 / 26
679	170	13,575	67,65	434	54,2	52,6	8 / 27
680	170,5	13,595	67,75	434	54,3	52,6	8 / 27,5
681	170,5	13,615	67,85	435	54,4	52,7	8 / 28
682	171	13,635	68,0	436	54,5	52,8	8 / 28,5
683	171	13,66	68,1	437	54,6	52,9	8 / 29
684	171,5	13,68	68,2	437	54,7	53,0	8 / 29,5
685	171,5	13,70	68,3	438	54,7	53,1	8 / 30
686	172	13,72	68,4	438	54,8	53,1	8 / 30,5
687	172	13,745	68,55	439	54,9	53,3	8 / 31,5
688	172,5	13,765	68,65	440	55,0	53,3	8 / 32
689	172,5	13,785	68,75	441	55,1	53,4	8 / 32,5
690	173	13,805	68,85	441	55,2	53,5	8 / 33
691	173	13,825	68,95	442	55,3	53,6	8 / 33,5
692	173,5	13,85	69,1	443	55,4	53,7	8 / 34
693	173,5	13,87	69,2	444	55,5	53,8	8 / 34,5
694	174	13,89	69,3	444	55,5	53,8	8 / 35

Tafel 2

zur Entnahme der zu den Angaben des **eichfähigen Getreideprobers** zu 1 *l* zugehörigen Angaben anderer Proben

b) für Roggen.

Angaben des eichfähigen Getreideprobers zu 1 *l*	Zugehörige Angaben						
	des eichfähigen Getreideprobers zu		des Hektoliter- oder Scheffel- gewichts	in englischem	in amerika- nischem	in russischem	
	¼ *l*	20 *l*		Maß und Gewicht			
1.	2.	3.	4.	5.	6.	7.	8.
Gramm im 1 Liter	Gramm im ¼ Liter	Kilo- gramm im 20 Liter	Kilo- gramm im Hekto- liter oder Pfund im Scheffel	Pfund englisch im Imp. Quarter	Pfund englisch im Bushel	Pfund englisch im amerik. Bushel	Pud im Tschetwert	Pfund
695	174	13,91	69,4	445	55,6	53,9	8	35,5
696	174,5	13 935	69,5	446	55,7	54,0	8	36
697	174,5	13 955	69,65	446	55,8	54,1	8	37
698	175	13,975	69,75	447	55,9	54,2	8	37,5
699	175	13,995	69,85	448	56,0	54,3	8	38
700	175,5	14,02	69,95	448	56,1	54,3	8	38,5
701	175,5	14,04	70,05	449	56,1	54,4	8	39
702	176	14,06	70,2	450	56,3	54,5	9	0
703	176	14,08	70,3	451	56,3	54,6	9	0,5
704	176,5	14,10	70,4	451	56,4	54,7	9	1
705	176,5	14,125	70,5	452	56,5	54,8	9	1,5
706	177	14,145	70,6	453	56,6	54,8	9	2
707	177	14,165	70,75	454	56,7	55,0	9	2,5
708	177,5	14,185	70,85	454	56,8	55,0	9	3
709	177,5	14,21	70,95	455	56,9	55,1	9	3,5
710	178	14,23	71,05	455	56,9	55,2	9	4
711	178,5	14,25	71,15	456	57,0	55,3	9	4,5
712	178,5	14,27	71,3	457	57,1	55,4	9	5,5
713	179	14,29	71,4	458	57,2	55,5	9	6
714	179	14,315	71,5	458	57,3	55,5	9	6,5
715	179,5	14,335	71,6	459	57,4	55,6	9	7
716	179,5	14,355	71,7	460	57,5	55,7	9	7,5
717	180	14,375	71,85	461	57,6	55,8	9	8,5
718	180	14,40	71,95	461	57,7	55,9	9	9
719	180,5	14,42	72,05	462	57,7	56,0	9	9,5
720	180,5	14,44	72,15	463	57,8	56,1	9	10
721	181	14,46	72,25	463	57,9	56,1	9	10,5
722	181	14,48	72,4	464	58,0	56,2	9	11
723	181,5	14,505	72,5	465	58,1	56,3	9	11,5
724	181,5	14,525	72,6	465	58,2	56,4	9	12
725	182	14,545	72,7	466	58,3	56,5	9	12,5
726	182	14,565	72,8	467	58,3	56,6	9	13
727	182,5	14,59	72,95	468	58,5	56,7	9	14
728	182,5	14,61	73,05	468	58,5	56,8	9	14,5
729	183	14,63	73,15	469	58,6	56,8	9	15
730	183	14,65	73,25	470	58,7	56,9	9	15,5
731	183,5	14,675	73,35	470	58,8	57,0	9	16
732	183,5	14,695	73,5	471	58,9	57,1	9	16,5
733	184	14,715	73,6	472	59,0	57,2	9	17,5
734	184	14,735	73,7	472	59,1	57,3	9	18

Tafel 2
zur Entnahme der zu den Angaben des eichfähigen Getreideprobers
zu 1 *l* zugehörigen Angaben anderer Proben
b) für Roggen.

Angaben des eichfähigen Getreide= probers zu 1 *l*	Zugehörige Angaben						
	des eichfähigen Getreideprobers zu		des Hektoliter= oder Scheffel= gewichts	in englischem	in amerika= nischem	in russischem
	¼ *l*	20 *l*		Maß und Gewicht		
1.	2.	3.	4.	5.	6.	7.	8.
Gramm im 1 Liter	Gramm im ¼ Liter	Kilo= gramm im 20 Liter	Kilo= gramm im Hekto= liter oder Pfund im Scheffel	Pfund englisch im Imp. Quarter	Pfund englisch im Bushel	Pfund englisch im ameril. Bushel	Pud im Tschetwert	Pfund
735	184,5	14,755	73,8	473	59,1	57,3	9	18,5
736	184,5	14,78	73,9	474	59,2	57,4	9	19
737	185	14,80	74,05	475	59,3	57,5	9	19,5
738	185	14,82	74,15	475	59,4	57,6	9	20
739	185,5	14,84	74,25	476	59,5	57,7	9	20,5
740	185,5	14,865	74,35	477	59,6	57,8	9	21
741	186	14,885	74,45	477	59,7	57,8	9	21,5
742	186	14,905	74,6	478	59,8	58,0	9	22,5
743	186,5	14,925	74,7	479	59,9	58,0	9	23
744	186,5	14,945	74,8	480	59,9	58,1	9	23,5
745	187	14,97	74,9	480	60,0	58,2	9	24
746	187	14,99	75,0	481	60,1	58,3	9	24,5
747	187,5	15,01	75,15	482	60,2	58,4	9	25
748	187,5	15,03	75,25	482	60,3	58,5	9	25,5
749	188	15,055	75,35	483	60,4	58,5	9	26
750	188	15,075	75,45	484	60,5	58,6	9	26,5
751	188,5	15,095	75,55	484	60,5	58,7	9	27,5
752	188,5	15,115	75,7	485	60,7	58,8	9	28
753	189	15,135	75,8	486	60,7	58,9	9	28,5
754	189	15,16	75,9	487	60,8	59,0	9	29
755	189,5	15,18	76,0	487	60,9	59,0	9	29,5
756	189,5	15,20	76,1	488	61,0	59,1	9	30
757	190	15,22	76,25	489	61,1	59,2	9	31
758	190	15,245	76,35	489	61,2	59,3	9	31,5
759	190,5	15,265	76,45	490	61,3	59,4	9	32
760	190,5	15,285	76,55	491	61,3	59,5	9	32,5
761	191	15,305	76,65	491	61,4	59,5	9	33
762	191	15,33	76,75	492	61,5	59,6	9	33,5
763	191,5	15,35	76,9	493	61,6	59,7	9	34
764	191,5	15,37	77,0	494	61,7	59,8	9	34,5
765	192	15,39	77,1	494	61,8	59,9	9	35
766	192	15,41	77,2	495	61,9	60,0	9	35,5
767	192,5	15,435	77,3	496	61,9	60,1	9	36
768	193	15,455	77,45	496	62,1	60,2	9	37
769	193	15,475	77,55	497	62,1	60,2	9	37,5
770	193,5	15,495	77,65	498	62,2	60,3	9	38
771	193,5	15,52	77,75	498	62,3	60,4	9	38,5
772	194	15,54	77,85	499	62,4	60,5	9	39
773	194	15,56	78,0	500	62,5	60,6	10	0
774	194,5	15,58	78,1	501	62,6	60,7	10	0,5

Tafel 2
zur Entnahme der zu den Angaben des eichfähigen Getreideprobers zu 1 *l* zugehörigen Angaben anderer Proben
b) für Roggen.

Angaben des eichfähigen Getreide= probers zu 1 *l*	des eichfähigen Getreideprobers zu		Zugehörige Angaben					
			des Hektoliter= oder Scheffel= gewichts	in englischem	in amerika= nischem		Pud	Pfund im Tschetwert
	¼ *l*	20 *l*		Maß und Gewicht				
1.	2.	3.	4.	5.	6.	7.	8.	
Gramm im 1 Liter	Gramm im ¼ Liter	Kilo= gramm im 20 Liter	Kilo= gramm im Hekto= liter oder Pfund im Scheffel	Pfund englisch im Imp. Quarter	Pfund englisch im Bushel	Pfund englisch im amerik. Bushel	Pud im	Pfund im Tschetwert
775	194,5	15,60	78,2	501	62,7	60,8	10	1
776	195	15,625	78,3	502	62,7	60,8	10	1,5
777	195	15,645	78,4	503	62,8	60,9	10	2
778	195,5	15,665	78,55	504	62,9	61,0	10	2,5
779	195,5	15,685	78,65	504	63,0	61,1	10	3
780	196	15,71	78,75	505	63,1	61,2	10	3,5
781	196	15,73	78,85	505	63,2	61,3	10	4
782	196,5	15,75	78,95	506	63,3	61,3	10	4,5
783	196,5	15,77	79,1	507	63,4	61,5	10	5,5
784	197	15,795	79,2	508	63,5	61,5	10	6
785	197	15,815	79,3	508	63,5	61,6	10	6,5
786	197,5	15,835	79,4	509	63,6	61,7	10	7
787	197,5	15,855	79,5	510	63,7	61,8	10	7,5
788	198	15,875	79,65	511	63,8	61,9	10	8,5
789	198	15,90	79,75	511	63,9	62,0	10	9
790	198,5	15,92	79,85	512	64,0	62,0	10	9,5

Tafel 2
zur Entnahme der zu den Angaben des **eichfähigen Getreideprobers** zu 1 *l* zugehörigen Angaben anderer Proben

c) für Hafer.

Angaben des eichfähigen Getreide= probers zu 1 *l*	des eichfähigen Getreideprobers zu ¼ *l*	zu 20 *l*	Zugehörige Angaben des Hektoliter= oder Scheffel= gewichts	in englischem	in amerika= nischem	in russischem	Pud im Tschetwert	Pfund im Tschetwert
				Maß und Gewicht				
				Pfund englisch im Imp. Quarter	Pfund englisch im Bushel	Pfund englisch im amerik. Bushel		
1.	2.	3.	4.	5.	6.	7.	8.	
407	101	8,01	39,5	253	31,7	30,7	5	2,5
408	101	8,03	39,6	254	31,7	30,8	5	3
409	101,5	8,05	39,75	255	31,9	30,9	5	3,5
410	101,5	8,07	39,85	255	31,9	31,0	5	4,5
411	102	8,09	39,95	256	32,0	31,0	5	5
412	102	8,115	40,05	257	32,1	31,1	5	5,5
413	102,5	8,135	40,15	257	32,2	31,2	5	6
414	102,5	8,155	40,25	258	32,3	31,3	5	6,5
415	103	8,175	40,35	259	32,3	31,3	5	7
416	103	8,195	40,45	259	32,4	31,4	5	7,5
417	103,5	8,215	40,55	260	32,5	31,5	5	8
418	103,5	8,235	40,7	261	32,6	31,6	5	8,5
419	104	8,255	40,8	262	32,7	31,7	5	9
420	104	8,28	40,9	262	32,8	31,8	5	9,5
421	104,5	8,30	41,0	263	32,9	31,9	5	10
422	104,5	8,32	41,1	263	32,9	31,9	5	10,5
423	105	8,34	41,2	264	33,0	32,0	5	11
424	105	8,36	41,3	265	33,1	32,1	5	11,5
425	105,5	8,38	41,4	265	33,2	32,2	5	12
426	105,5	8,40	41,5	266	33,3	32,2	5	12,5
427	106	8,425	41,65	267	33,4	32,4	5	13,5
428	106,5	8,445	41,75	268	33,5	32,4	5	14
429	106,5	8,465	41,85	268	33,5	32,5	5	14,5
430	107	8,485	41,95	269	33,6	32,6	5	15
431	107	8,505	42,05	270	33,7	32,7	5	15,5
432	107,5	8,525	42,15	270	33,8	32,7	5	16
433	107,5	8,545	42,25	271	33,9	32,8	5	16,5
434	108	8,57	42,35	271	33,9	32,9	5	17
435	108	8,59	42,45	272	34,0	33,0	5	17,5
436	108,5	8,61	42,6	273	34,1	33,1	5	18,5
437	108,5	8,63	42,7	274	34,2	33,2	5	19
438	109	8,65	42,8	274	34,3	33,3	5	19,5
439	109	8,67	42,9	275	34,4	33,3	5	20
440	109,5	8,69	43,0	276	34,5	33,4	5	20,5
441	109,5	8,71	43,1	276	34,5	33,5	5	21
442	110	8,735	43,2	277	34,6	33,6	5	21,5
443	110	8,755	43,3	278	34,7	33,6	5	22
444	110,5	8,775	43,4	278	34,8	33,7	5	22,5

Tafel 2
zur Entnahme der zu den Angaben des **eichfähigen Getreideprobers zu 1 l** zugehörigen Angaben anderer Proben
c) für Hafer.

Angaben des eichfähigen Getreidepr obers zu 1 l	des eichfähigen Getreideprobers zu ¼ l	des eichfähigen Getreideprobers zu 20 l	Zugehörige Angaben des Hektoliter- oder Scheffel- gewichts	in englischem Maß und Gewicht		in amerika- nischem Maß und Gewicht	in russischem Maß und Gewicht	
Gramm im 1 Liter	Gramm im ¼ Liter	Kilo- gramm im 20 Liter	Kilo- gramm im Hekto- liter oder Pfund im Scheffel	Pfund englisch im Imp. Quarter	Pfund englisch im Bushel	Pfund englisch im amerik. Bushel	Pud im Tschetwert	Pfund
1.	2.	3.	4.	5.	6.	7.	8.	
445	110,5	8,795	43,55	279	34,9	33,8	5	23
446	111	8,815	43,65	280	35,0	33,9	5	23,5
447	111	8,835	43,75	280	35,1	34,0	5	24,5
448	111,5	8,855	43,85	281	35,1	34,1	5	25
449	111,5	8,88	43,95	282	35,2	34,1	5	25,5
450	112	8,90	44,05	282	35,3	34,2	5	26
451	112	8,92	44,15	283	35,4	34,3	5	26,5
452	112,5	8,94	44,25	284	35,5	34,4	5	27
453	112,5	8,96	44,35	284	35,5	34,5	5	27,5
454	113	8,98	44,45	285	35,6	34,5	5	28
455	113	9,00	44,6	286	35,7	34,6	5	28,5
456	113,5	9,025	44,7	287	35,8	34,7	5	29
457	113,5	9,045	44,8	287	35,9	34,8	5	29,5
458	114	9,065	44,9	288	36,0	34,9	5	30
459	114	9,085	45,0	288	36,1	35,0	5	30,5
460	114,5	9,105	45,1	289	36,1	35,0	5	31
461	114,5	9,125	45,2	290	36,2	35,1	5	31,5
462	115	9,145	45,3	290	36,3	35,2	5	32
463	115	9,165	45,4	291	36,4	35,3	5	32,5
464	115,5	9,19	45,55	292	36,5	35,4	5	33,5
465	115,5	9,21	45,65	293	36,6	35,5	5	34
466	116	9,23	45,75	293	36,7	35,5	5	34,5
467	116	9,25	45,85	294	36,7	35,6	5	35
468	116,5	9,27	45,95	295	36,8	35,7	5	35,5
469	116,5	9,29	46,05	295	36,9	35,8	5	36
470	117	9,31	46,15	296	37,0	35,9	5	36,5
471	117	9,335	46,25	296	37,1	35,9	5	37
472	117,5	9,355	46,35	297	37,1	36,0	5	37,5
473	117,5	9,375	46,5	298	37,3	36,1	5	38,5
474	118	9,395	46,6	299	37,3	36,2	5	39
475	118	9,415	46,7	299	37,4	36,3	5	39,5
476	118,5	9,435	46,8	300	37,5	36,4	6	0
477	118,5	9,455	46,9	301	37,6	36,4	6	0,5
478	119	9,48	47,0	301	37,7	36,5	6	1
479	119	9,50	47,1	302	37,7	36,6	6	1,5
480	119,5	9,52	47,2	303	37,8	36,7	6	2
481	119,5	9,54	47,3	303	37,9	36,7	6	2,5
482	120	9,56	47,45	304	38,0	36,9	6	3
483	120	9,58	47,55	305	38,1	36,9	6	3,5
484	120,5	9,60	47,65	305	38,2	37,0	6	4

Tafel 2
zur Entnahme der zu den Angaben des eichfähigen Getreideprobers zu 1 *l* zugehörigen Angaben anderer Proben
c) für Hafer.

Angaben des eichfähigen Getreideprobers zu 1 *l*	des eichfähigen Getreideprobers zu ¼ *l*	zu 20 *l*	des Hektoliter- oder Scheffel- gewichts	in englischem Maß und Gewicht	in amerika- nischem	in russischem
1.	2.	3.	4.	5.	6.	7.	8.
Gramm im 1 Liter	Gramm im ¼ Liter	Kilo- gramm im 20 Liter	Kilo- gramm im Hekto- liter oder Pfund im Scheffel	Pfund englisch im Jmp. Quarter	Pfund englisch im Bushel	Pfund englisch im amerik. Bushel	Pud im Tschetwert	Pfund
485	120,5	9,625	47,75	306	38,3	37,1	6	5
486	121	9,645	47,85	307	38,3	37,2	6	5,5
487	121	9,665	47,95	307	38,4	37,3	6	6
488	121,5	9,685	48,05	308	38,5	37,3	6	6,5
489	121,5	9,705	48,15	309	38,6	37,4	6	7
490	122	9,725	48,25	309	38,7	37,5	6	7,5
491	122	9,745	48,4	310	38,8	37,6	6	8
492	122,5	9,765	48,5	311	38,9	37,7	6	8,5
493	122,5	9,79	48,6	312	38,9	37,8	6	9
494	123	9,81	48,7	312	39,0	37,8	6	9,5
495	123	9,83	48,8	313	39,1	37,9	6	10
496	123,5	9,85	48,9	313	39,2	38,0	6	10,5
497	123,5	9,87	49,0	314	39,3	38,1	6	11
498	124	9,89	49,1	315	39,3	38,1	6	11,5
499	124	9,91	49,2	315	39,4	38,2	6	12
500	124,5	9,935	49,35	316	39,5	38,3	6	13
501	124,5	9,955	49,45	317	39,6	38,4	6	13,5
502	125	9,975	49,55	318	39,7	38,5	6	14
503	125	9,995	49,65	318	39,8	38,6	6	14,5
504	125,5	10,015	49,75	319	39,9	38,7	6	15
505	125,5	10,035	49,85	320	39,9	38,7	6	15,5
506	126	10,055	49,95	320	40,0	38,8	6	16
507	126	10,08	50,05	321	40,1	38,9	6	16,5
508	126,5	10,10	50,15	321	40,2	39,0	6	17
509	126,5	10,12	50,3	322	40,3	39,1	6	18
510	127	10,14	50,4	323	40,4	39,2	6	18,5
511	127	10,16	50,5	324	40,5	39,2	6	19
512	127,5	10,18	50,6	324	40,5	39,3	6	19,5
513	127,5	10,20	50,7	325	40,6	39,4	6	20
514	128	10,22	50,8	326	40,7	39,5	6	20,5
515	128	10,245	50,9	326	40,8	39,5	6	21
516	128,5	10,265	51,0	327	40,9	39,6	6	21,5
517	128,5	10,285	51,1	328	40,9	39,7	6	22
518	129	10,305	51,25	329	41,1	39,8	6	22,5
519	129	10,325	51,35	329	41,2	39,9	6	23
520	129,5	10,345	51,45	330	41,2	40,0	6	23,5
521	129,5	10,365	51,55	330	41,3	40,0	6	24
522	130	10,39	51,65	331	41,4	40,1	6	24,5
523	130,5	10,41	51,75	332	41,5	40,2	6	25,5
524	130,5	10,43	51,85	332	41,6	40,3	6	26

Tafel 2
zur Entnahme der zu den Angaben des eichfähigen Getreideprobers zu 1 l zugehörigen Angaben anderer Proben
c) für Hafer.

Angaben des eichfähigen Getreideprobers zu 1 l	des eichfähigen Getreideprobers zu ¼ l	zu 20 l	Zugehörige Angaben				
			des Hektoliter- oder Scheffel- gewichts	in englischem	in amerika- nischem	in russischem	
				Maß und Gewicht			
1.	2.	3.	4.	5.	6.	7.	8.
Gramm im 1 Liter	Gramm im ¼ Liter	Kilo- gramm im 20 Liter	Kilo- gramm in Hekto- liter oder Pfund im Scheffel	Pfund englisch im Imp. Quarter	Pfund englisch im Bushel	Pfund englisch im amerik. Bushel	Pud im Tschetwert	Pfund
525	131	10,45	51,95	333	41,6	40,4	6	26,5
526	131	10,47	52,05	334	41,7	40,4	6	27
527	131,5	10,49	52,2	335	41,8	40,6	6	27,5
528	131,5	10,51	52,3	335	41,9	40,6	6	28
529	132	10,535	52,4	336	42,0	40,7	6	28,5
530	132	10,555	52,5	337	42,1	40,8	6	29
531	132,5	10,575	52,6	337	42,2	40,9	6	29,5
532	132,5	10,595	52,7	338	42,2	40,9	6	30
533	133	10,615	52,8	338	42,3	41,0	6	30,5
534	133	10,635	52,9	339	42,4	41,1	6	31
535	133,5	10,655	53,0	340	42,5	41,2	6	31,5
536	133,5	10,675	53,15	341	42,6	41,3	6	32,5
537	134	10,70	53,25	341	42,7	41,4	6	33
538	134	10,72	53,35	342	42,8	41,4	6	33,5
539	134,5	10,74	53,45	343	42,8	41,5	6	34
540	134,5	10,76	53,55	343	42,9	41,6	6	34,5
541	135	10,78	53,65	344	43,0	41,7	6	35
542	135	10,80	53,75	345	43,1	41,8	6	35,5
543	135,5	10,82	53,85	345	43,2	41,8	6	36
544	135,5	10,845	53,95	346	43,2	41,9	6	36,5
545	136	10,865	54,05	346	43,3	42,0	6	37
546	136	10,885	54,2	347	43,4	42,1	6	38
547	136,5	10,905	54,3	348	43,5	42,2	6	38,5
548	136,5	10,925	54,4	349	43,6	42,3	6	39
549	137	10,945	54,5	349	43,7	42,3	6	39,5
550	137	10,965	54,6	350	43,8	42,4	7	0
551	137,5	10,99	54,7	351	43,8	42,5	7	0,5
552	137,5	11,01	54,8	351	43,9	42,6	7	1
553	138	11,03	54,9	352	44,0	42,6	7	1,5
554	138	11,05	55,0	353	44,1	42,7	7	2
555	138,5	11,07	55,15	354	44,2	42,8	7	2,5
556	138,5	11,09	55,25	354	44,3	42,9	7	3
557	139	11,11	55,35	355	44,4	43,0	7	3,5
558	139	11,135	55,45	355	44,4	43,1	7	4
559	139,5	11,155	55,55	356	44,5	43,2	7	4,5
560	139,5	11,175	55,65	357	44,6	43,2	7	5
561	140	11,195	55,75	357	44,7	43,3	7	6
562	140	11,215	55,85	358	44,8	43,4	7	6,5
563	140,5	11,235	55,95	359	44,8	43,5	7	7
564	140,5	11,255	56,1	360	45,0	43,6	7	7,5

Tafel 2
zur Entnahme der zu den Angaben des eichfähigen Getreideprobers zu 1 *l* zugehörigen Angaben anderer Proben

c) für Hafer.

Angaben des eichfähigen Getreide= probers zu 1 *l*	des eichfähigen Getreideprobers zu		Zugehörige Angaben des Hektoliter- oder Scheffel- gewichts	in englischem	in amerika- nischem	in russischem	
	¼ *l*	20 *l*			Maß und Gewicht		
1.	2.	3.	4.	5.	6.	7.	8.
Gramm im 1 Liter	Gramm im ¼ Liter	Kilo- gramm im 20 Liter	Kilo- gramm im Hekto- liter oder Pfund im Scheffel	Pfund englisch im Imp. Quarter	Pfund englisch im Bushel	Pfund englisch im amerik. Bushel	Pud im Tschetwert	Pfund
565	141	11,275	56,2	360	45,0	43,7	7	8
566	141	11,30	56,3	361	45,1	43,7	7	8,5
567	141,5	11,32	56,4	362	45,2	43,8	7	9
568	141,5	11,34	56,5	362	45,3	43,9	7	9,5
569	142	11,36	56,6	363	45,4	44,0	7	10
570	142	11,38	56,7	363	45,4	44,0	7	10,5
571	142,5	11,40	56,8	364	45,5	44,1	7	11
572	142,5	11,42	56,9	365	45,6	44,2	7	11,5
573	143	11,445	57,05	366	45,7	44,3	7	12,5
574	143	11,465	57,15	366	45,8	44,4	7	13
575	143,5	11,485	57,25	367	45,9	44,5	7	13,5
576	143,5	11,505	57,35	368	46,0	44,6	7	14
577	144	11,525	57,45	368	46,0	44,6	7	14,5
578	144	11,545	57,55	369	46,1	44,7	7	15
579	144,5	11,565	57,65	370	46,2	44,8	7	15,5
580	144,5	11,59	57,75	370	46,3	44,9	7	16
581	145	11,61	57,85	371	46,4	44,9	7	16,5
582	145	11,63	58,0	372	46,5	45,1	7	17,5
583	145,5	11,65	58,1	372	46,6	45,1	7	18
584	145,5	11,67	58,2	373	46,6	45,2	7	18,5
585	146	11,69	58,3	374	46,7	45,3	7	19
586	146	11,71	58,4	374	46,8	45,4	7	19,5
587	146,5	11,73	58,5	375	46,9	45,4	7	20
588	146,5	11,755	58,6	376	47,0	45,5	7	20,5
589	147	11,775	58,7	376	47,0	45,6	7	21
590	147	11,795	58,8	377	47,1	45,7	7	21,5
591	147,5	11,815	58,95	378	47,2	45,8	7	22
592	147,5	11,835	59,05	379	47,3	45,9	7	22,5
593	148	11,855	59,15	379	47,4	46,0	7	23
594	148	11,875	59,25	380	47,5	46,0	7	23,5
595	148,5	11,90	59,35	380	47,6	46,1	7	24
596	148,5	11,92	59,45	381	47,6	46,2	7	24,5
597	149	11,94	59,55	382	47,7	46,3	7	25
598	149	11,96	59,65	382	47,8	46,3	7	26
599	149,5	11,98	59,75	383	47,9	46,4	7	26,5
600	149,5	12,00	59,9	384	48,0	46,5	7	27

Tafel 2
zur Entnahme der zu den Angaben des eichfähigen Getreideprobers zu 1 *l* zugehörigen Angaben anderer Proben
d) für Gerste.

Angaben des eichfähigen Getreideprobers zu 1 *l*	des eichfähigen Getreideprobers zu ¼ *l*	des eichfähigen Getreideprobers zu 20 *l*	Zugehörige Angaben des Hektoliter oder Scheffelgewichts	in englischem Maß	in amerikanischem und	in russischem Gewicht		
Gramm im 1 Liter	Gramm im ¼ Liter	Kilogramm im 20 Liter	Kilogramm im Hektoliter oder Pfund im Scheffel	Pfund englisch im Imp. Quarter	Pfund englisch im Bushel	Pfund englisch im amerik. Bushel	Pud im	Pfund im Tschetwert
1.	2.	3.	4.	5.	6.	7.	8.	
504	126	10,00	49,65	318	39,8	38,6	6	14,5
505	126	10,02	49,75	319	39,9	38,7	6	15
506	126,5	10,04	49,85	320	39,9	38,7	6	15,5
507	126,5	10,06	49,95	320	40,0	38,8	6	16
508	127	10,08	50,05	321	40,1	38,9	6	16,5
509	127	10,10	50,15	321	40,2	39,0	6	17
510	127,5	10,12	50,25	322	40,3	39,0	6	17,5
511	127,5	10,14	50,35	323	40,3	39,1	6	18
512	128	10,165	50,45	323	40,4	39,2	6	18,5
513	128	10,185	50,55	324	40,5	39,3	6	19
514	128,5	10,205	50,65	325	40,6	39,3	6	19,5
515	128,5	10,225	50,75	325	40,7	39,4	6	20
516	129	10,245	50,85	326	40,7	39,5	6	20,5
517	129	10,265	50,95	327	40,8	39,6	6	21
518	129,5	10,285	51,1	328	40,9	39,7	6	22
519	129,5	10,305	51,2	328	41,0	39,8	6	22,5
520	130	10,325	51,3	329	41,1	39,9	6	23
521	130	10,345	51,4	329	41,2	39,9	6	23,5
522	130,5	10,365	51,5	330	41,3	40,0	6	24
523	130,5	10,385	51,6	331	41,4	40,1	6	24,5
524	131	10,405	51,7	331	41,4	40,2	6	25
525	131	10,43	51,8	332	41,5	40,2	6	25,5
526	131,5	10,45	51,9	333	41,6	40,3	6	26
527	131,5	10,47	52,0	333	41,7	40,4	6	26,5
528	132	10,49	52,1	334	41,8	40,5	6	27
529	132	10,51	52,2	335	41,8	40,6	6	27,5
530	132,5	10,53	52,3	335	41,9	40,6	6	28
531	132,5	10,55	52,45	336	42,0	40,7	6	29
532	133	10,57	52,55	337	42,1	40,8	6	29,5
533	133	10,59	52,65	338	42,2	40,9	6	30
534	133,5	10,61	52,75	338	42,3	41,0	6	30,5
535	133,5	10,63	52,85	339	42,4	41,1	6	31
536	134	10,65	52,95	339	42,4	41,1	6	31,5
537	134	10,67	53,05	340	42,5	41,2	6	32
538	134,5	10,695	53,15	341	42,6	41,3	6	32,5
539	134,5	10,715	53,25	341	42,7	41,4	6	33

Tafel 2
zur Entnahme der zu den Angaben des **eichfähigen Getreideprobers** zu 1 *l* zugehörigen Angaben anderer Proben
d) für Gerste.

Angaben des eichfähigen Getreide- probers zu 1 *l*	Zugehörige Angaben						
	des eichfähigen Getreideprobers zu		des Hektoliter- oder Scheffel- gewichts	in englischem	in amerika- nischem	in russischem
	¼ *l*	20 *l*		Maß und Gewicht			
1.	2.	3.	4.	5.	6.	7.	8.
Gramm im 1 Liter	Gramm im ¼ Liter	Kilo- gramm im 20 Liter	Kilo- gramm im Hekto- liter oder Pfund im Scheffel	Pfund englisch im Imp. Quarter	Pfund englisch im Bushel	Pfund englisch im amerik. Bushel	Pud im Tschetwert	Pfund
540	135	10,735	53,35	342	42,8	41,4	6	33,5
541	135	10,755	53,45	343	42,8	41,5	6	34
542	135,5	10,775	53,55	343	42,9	41,6	6	34,5
543	135,5	10,795	53,65	344	43,0	41,7	6	35
544	136	10,815	53,8	345	43,1	41,8	6	36
545	136	10,835	53,9	346	43,2	41,9	6	36,5
546	136,5	10,855	54,0	346	43,3	42,0	6	37
547	136,5	10,875	54,1	347	43,4	42,0	6	37,5
548	137	10,895	54,2	347	43,4	42,1	6	38
549	137	10,915	54,3	348	43,5	42,2	6	38,5
550	137,5	10,935	54,4	349	43,6	42,3	6	39
551	137,5	10,96	54,5	349	43,7	42,3	6	39,5
552	138	10,98	54,6	350	43,8	42,4	7	0
553	138	11,00	54,7	351	43,8	42,5	7	0,5
554	138,5	11,02	54,8	351	43,9	42,6	7	1
555	138,5	11,04	54,9	352	44,0	42,6	7	1,5
556	139	11,06	55,0	353	44,1	42,7	7	2
557	139	11,08	55,15	354	44,2	42,8	7	2,5
558	139,5	11,10	55,25	354	44,3	42,9	7	3
559	139,5	11,12	55,35	355	44,4	43,0	7	3,5
560	140	11,14	55,45	355	44,4	43,1	7	4
561	140	11,16	55,55	356	44,5	43,2	7	4,5
562	140,5	11,185	55,65	357	44,6	43,2	7	5
563	140,5	11,205	55,75	357	44,7	43,3	7	6
564	141	11,225	55,85	358	44,8	43,4	7	6,5
565	141	11,245	55,95	359	44,8	43,5	7	7
566	141,5	11,265	56,05	359	44,9	43,5	7	7,5
567	141,5	11,285	56,15	360	45,0	43,6	7	8
568	142	11,305	56,25	361	45,1	43,7	7	8,5
569	142	11,325	56,35	361	45,2	43,8	7	9
570	142,5	11,345	56,5	362	45,3	43,9	7	9,5
571	142,5	11,365	56,6	363	45,4	44,0	7	10
572	143	11,385	56,7	363	45,4	44,0	7	10,5
573	143	11,405	56,8	364	45,5	44,1	7	11
574	143,5	11,425	56,9	365	45,6	44,2	7	11,5
575	143,5	11,445	57,0	365	45,7	44,3	7	12
576	144	11,47	57,1	366	45,8	44,4	7	12,5
577	144	11,49	57,2	367	45,8	44,4	7	13
578	144,5	11,51	57,3	367	45,9	44,5	7	13,5
579	144,5	11,53	57,4	368	46,0	44,6	7	14

Tafel 2
zur Entnahme der zu den Angaben des eichfähigen Getreideprobers zu 1 *l* zugehörigen Angaben anderer Proben

d) für Gerste.

Angaben des eichfähigen Getreideprobers zu 1 *l*	des eichfähigen Getreideprobers zu ¼ *l*	des eichfähigen Getreideprobers zu 20 *l*	Zugehörige Angaben des Hektoliter- oder Scheffelgewichts	in englischem	in englischem	in amerikanischem	in russischem	
					Maß und Gewicht			
1.	2.	3.	4.	5.	6.	7.	8.	
Gramm im 1 Liter	Gramm im ¼ Liter	Kilogramm im 20 Liter	Kilogramm im Hektoliter oder Pfund in Scheffel	Pfund englisch im Imp. Quarter	Pfund englisch im Bushel	Pfund englisch im amerik. Bushel	Pud im Tschetwert	Pfund
580	145	11,55	57,5	369	46,1	44,7	7	14,5
581	145	11,57	57,6	369	46,2	44,7	7	15
582	145,5	11,59	57,7	370	46,2	44,8	7	16
583	145,5	11,61	57,85	371	46,4	44,9	7	16,5
584	146	11,63	57,95	371	46,4	45,0	7	17
585	146	11,65	58,05	372	46,5	45,1	7	17,5
586	146,5	11,67	58,15	373	46,6	45,2	7	18
587	146,5	11,69	58,25	373	46,7	45,3	7	18,5
588	147	11,71	58,35	374	46,8	45,3	7	19
589	147	11,735	58,45	375	46,8	45,4	7	19,5
590	147,5	11,755	58,55	375	46,9	45,5	7	20
591	147,5	11,775	58,65	376	47,0	45,6	7	20,5
592	148	11,795	58,75	377	47,1	45,6	7	21
593	148	11,815	58,85	377	47,2	45,7	7	21,5
594	148,5	11,835	58,95	378	47,2	45,8	7	22
595	148,5	11,855	59,05	379	47,3	45,9	7	22,5
596	149	11,875	59,2	380	47,4	46,0	7	23,5
597	149	11,895	59,3	380	47,5	46,1	7	24
598	149,5	11,915	59,4	381	47,6	46,1	7	24,5
599	149,5	11,935	59,5	381	47,7	46,2	7	25
600	150	11,955	59,6	382	47,8	46,3	7	25,5
601	150	11,98	59,7	383	47,8	46,4	7	26
602	150,5	12,00	59,8	383	47,9	46,5	7	26,5
603	150,5	12,02	59,9	384	48,0	46,5	7	27
604	151	12,04	60,0	385	48,1	46,6	7	27,5
605	151	12,06	60,1	385	48,2	46,7	7	28
606	151,5	12,08	60,2	386	48,2	46,8	7	28,5
607	151,5	12,10	60,3	387	48,3	46,8	7	29
608	152	12,12	60,4	387	48,4	46,9	7	29,5
609	152	12,14	60,55	388	48,5	47,0	7	30,5
610	152,5	12,16	60,65	389	48,6	47,1	7	31
611	152,5	12,18	60,75	389	48,7	47,2	7	31,5
612	153	12,20	60,85	390	48,8	47,3	7	32
613	153	12,22	60,95	391	48,8	47,4	7	32,5
614	153,5	12,245	61,05	391	48,9	47,4	7	33
615	153,5	12,265	61,15	392	49,0	47,5	7	33,5
616	154	12,285	61,25	393	49,1	47,6	7	34
617	154	12,305	61,35	393	49,2	47,7	7	34,5
618	154,5	12,325	61,45	394	49,2	47,7	7	35
619	154,5	12,345	61,55	395	49,3	47,8	7	35,5

Tafel 2
zur Entnahme der zu den Angaben des **eichfähigen Getreideprobers** zu 1 *l* zugehörigen Angaben anderer Proben
d) für Gerste.

Angaben des eichfähigen Getreideprobers zu 1 *l*	Zugehörige Angaben						
	des eichfähigen Getreideprobers zu		des Hektoliter- oder Scheffel- gewichts	in englischem	in amerika- nischem		in russischem
	¼ *l*	20 *l*		Maß und Gewicht			
1.	2.	3.	4.	5.	6.	7.	8.
Gramm im 1 Liter	Gramm im ¼ Liter	Kilo- gramm im 20 Liter	Kilo- gramm im Hekto- liter oder Pfund im Scheffel	Pfund englisch im Imp. Quarter	Pfund englisch im Bushel	Pfund englisch im amerik. Bushel	Pud im Tschetwert / Pfund
620	155	12,365	61,65	395	49,4	47,9	7 / 36
621	155	12,385	61,75	396	49,5	48,0	7 / 36,5
622	155,5	12,405	61,9	397	49,6	48,1	7 / 37,5
623	155,5	12,425	62,0	397	49,7	48,2	7 / 38
624	156	12,445	62,1	398	49,8	48,2	7 / 38,5
625	156	12,465	62,2	399	49,8	48,3	7 / 39
626	156,5	12,485	62,3	399	49,9	48,4	7 / 39,5
627	156,5	12,51	62,4	400	50,0	48,5	8 / 0
628	157	12,53	62,5	401	50,1	48,6	8 / 0,5
629	157	12,55	62,6	401	50,2	48,6	8 / 1
630	157,5	12,57	62,7	402	50,2	48,7	8 / 1,5
631	157,5	12,59	62,8	403	50,3	48,8	8 / 2
632	158	12,61	62,9	403	50,4	48,9	8 / 2,5
633	158	12,63	63,0	404	50,5	48,9	8 / 3
634	158,5	12,65	63,1	405	50,6	49,0	8 / 3,5
635	158,5	12,67	63,25	405	50,7	49,1	8 / 4
636	159	12,69	63,35	406	50,8	49,2	8 / 4,5
637	159	12,71	63,45	407	50,8	49,3	8 / 5
638	159,5	12,73	63,55	407	50,9	49,4	8 / 5,5
639	159,5	12,75	63,65	408	51,0	49,4	8 / 6,5
640	160	12,775	63,75	409	51,1	49,5	8 / 7
641	160	12,795	63,85	409	51,2	49,6	8 / 7,5
642	160,5	12,815	63,95	410	51,2	49,7	8 / 8
643	160,5	12,835	64,05	411	51,3	49,8	8 / 8,5
644	161	12,855	64,15	411	51,4	49,8	8 / 9
645	161	12,875	64,25	412	51,5	49,9	8 / 9,5
646	161,5	12,895	64,35	413	51,6	50,0	8 / 10
647	161,5	12,915	64,45	413	51,6	50,1	8 / 10,5
648	162	12,935	64,6	414	51,8	50,2	8 / 11
649	162	12,955	64,7	415	51,8	50,3	8 / 11,5
650	162,5	12,975	64,8	415	51,9	50,3	8 / 12
651	162,5	12,995	64,9	416	52,0	50,4	8 / 12,5
652	163	13,02	65,0	417	52,1	50,5	8 / 13
653	163	13,04	65,1	417	52,2	50,6	8 / 13,5
654	163,5	13,06	65,2	418	52,2	50,7	8 / 14
655	163,5	13,08	65,3	419	52,3	50,7	8 / 14,5
656	164	13,10	65,4	419	52,4	50,8	8 / 15
657	164	13,12	65,5	420	52,5	50,9	8 / 15,5
658	164,5	13,14	65,6	421	52,6	51,0	8 / 16,5
659	164,5	13,16	65,7	421	52,6	51,0	8 / 17

Tafel 2
zur Entnahme der zu den Angaben des **eichfähigen Getreideprobers** zu 1 *l* zugehörigen Angaben anderer Proben
d) für Gerſte.

Angaben des eichfähigen Getreide­probers zu 1 *l*	des eichfähigen Getreideprobers zu ¼ *l*	des Hektoliter­ oder Scheffel­gewichts 20 *l*	in engliſchem	in amerika­niſchem	in ruſſiſchem
			Maß und Gewicht		
1.	2.	3.	4.	5.	6.	7.	8.

Gramm im 1 Liter	Gramm im ¼ Liter	Kilo­gramm im 20 Liter	Kilo­gramm im Hekto­liter oder Pfund im Scheffel	Pfund engliſch im Imp. Quarter	Pfund engliſch im Buſhel	Pfund engliſch im amerik. Buſhel	Pud im Tſchetwert	Pfund im Tſchetwert
660	165	13,18	65,8	422	52,7	51,1	8	17,5
661	165	13,20	65,95	423	52,9	51,2	8	18
662	165,5	13,22	66,05	423	52,9	51,3	8	18,5
663	165,5	13,24	66,15	424	53,0	51,4	8	19
664	166	13,26	66,25	425	53,1	51,5	8	19,5
665	166	13,285	66,35	425	53,2	51,5	8	20
666	166,5	13,305	66,45	426	53,3	51,6	8	20,5
667	166,5	13,325	66,55	427	53,3	51,7	8	21
668	167	13,345	66,65	427	53,4	51,8	8	21,5
669	167	13,365	66,75	428	53,5	51,9	8	22
670	167,5	13,385	66,85	429	53,6	51,9	8	22,5
671	167,5	13,405	66,95	429	53,7	52,0	8	23
672	168	13,425	67,05	430	53,7	52,1	8	23,5
673	168	13,445	67,15	430	53,8	52,2	8	24
674	168,5	13,465	67,3	431	53,9	52,3	8	25
675	168,5	13,485	67,4	432	54,0	52,4	8	25,5
676	169	13,505	67,5	433	54,1	52,4	8	26
677	169	13,525	67,6	433	54,2	52,5	8	26,5
678	169,5	13,55	67,7	434	54,3	52,6	8	27
679	169,5	13,57	67,8	435	54,3	52,7	8	27,5
680	170	13,59	67,9	435	54,4	52,8	8	28
681	170	13,61	68,0	436	54,5	52,8	8	28,5
682	170,5	13,63	68,1	437	54,6	52,9	8	29
683	170,5	13,65	68,2	437	54,7	53,0	8	29,5
684	171	13,67	68,3	438	54,7	53,1	8	30
685	171	13,69	68,4	438	54,8	53,1	8	30,5
686	171,5	13,71	68,5	439	54,9	53,2	8	31
687	171,5	13,73	68,65	440	55,0	53,3	8	32
688	172	13,75	68,75	441	55,1	53,4	8	32,5
689	172	13,77	68,85	441	55,2	53,5	8	33
690	172,5	13,79	68,95	442	55,3	53,6	8	33,5
691	172,5	13,815	69,05	443	55,3	53,6	8	34
692	173	13,835	69,15	443	55,4	53,7	8	34,5
693	173	13,855	69,25	444	55,5	53,8	8	35
694	173,5	13,875	69,35	445	55,6	53,9	8	35,5
695	173,5	13,895	69,45	445	55,7	54,0	8	36
696	174	13,915	69,55	446	55,7	54,0	8	36,5
697	174	13,935	69,65	446	55,8	54,1	8	37
698	174,5	13,955	69,75	447	55,9	54,2	8	37,5
699	174,5	13,975	69,85	448	56,0	54,3	8	38

Tafel 2
zur Entnahme der zu den Angaben des eichfähigen Getreideprobers zu 1 *l* zugehörigen Angaben anderer Proben
d) für Gerste.

Angaben des eichfähigen Getreideprobers zu 1 *l*	Zugehörige Angaben						
	des eichfähigen Getreideprobers zu		des Hektoliter- oder Scheffel- gewichts	in englischem	in amerika- nischem	in russischem	
	¼ *l*	20 *l*		Maß und Gewicht			
1.	2.	3.	4.	5.	6.	7.	8.
Gramm im 1 Liter	Gramm im ¼ Liter	Kilo- gramm im 20 Liter	Kilo- gramm im Hekto- liter oder Pfund im Scheffel	Pfund englisch im Imp. Quarter	Pfund englisch im Bushel	Pfund englisch im amerik. Bushel	Pud im Tschetwert	Pfund
700	175	13,995	69,95	448	56,1	54,3	8	38,5
701	175	14,015	70,1	449	56,2	54,5	8	39,5
702	175	14,035	70,2	450	56,3	54,5	9	0
703	175,5	14,06	70,3	451	56,3	54,6	9	0,5
704	175,5	14,08	70,4	451	56,4	54,7	9	1
705	176	14,10	70,5	452	56,5	54,8	9	1,5
706	176	14,12	70,6	453	56,6	54,8	9	2
707	176,5	14,14	70,7	453	56,7	54,9	9	2,5
708	176,5	14,16	70,8	454	56,7	55,0	9	3
709	177	14,18	70,9	455	56,8	55,1	9	3,5
710	177	14,20	71,0	455	56,9	55,2	9	4
711	177,5	14,22	71,1	456	57,0	55,2	9	4,5
712	177,5	14,24	71,2	456	57,1	55,3	9	5
713	178	14,26	71,3	457	57,1	55,4	9	5,5
714	178	14,28	71,45	458	57,3	55,5	9	6
715	178,5	14,30	71,55	459	57,3	55,6	9	6,5
716	178,5	14,325	71,65	459	57,4	55,7	9	7,5
717	179	14,345	71,75	460	57,5	55,7	9	8
718	179	14,365	71,85	461	57,6	55,8	9	8,5
719	179,5	14,385	71,95	461	57,7	55,9	9	9
720	179,5	14,405	72,05	462	57,7	56,0	9	9,5
721	180	14,425	72,15	463	57,8	56,1	9	10
722	180	14,445	72,25	463	57,9	56,1	9	10,5
723	180,5	14,465	72,35	464	58,0	56,2	9	11
724	180,5	14,485	72,45	464	58,1	56,3	9	11,5
725	181	14,505	72,55	465	58,1	56,4	9	12
726	181	14,525	72,65	466	58,2	56,4	9	12,5
727	181,5	14,545	72,8	467	58,3	56,6	9	13
728	181,5	14,565	72,9	467	58,4	56,6	9	13,5
729	182	14,59	73,0	468	58,5	56,7	9	14
730	182	14,61	73,1	469	58,6	56,8	9	14,5
731	182,5	14,63	73,2	469	58,7	56,9	9	15
732	182,5	14,65	73,3	470	58,7	56,9	9	15,5
733	183	14,67	73,4	471	58,8	57,0	9	16
734	183	14,69	73,5	471	58,9	57,1	9	16,5
735	183,5	14,71	73,6	472	59,0	57,2	9	17,5
736	183,5	14,73	73,7	472	59,1	57,3	9	18
737	184	14,75	73,8	473	59,1	57,3	9	18,5
738	184	14,77	73,9	474	59,2	57,4	9	19
739	184,5	14,79	74,0	474	59,3	57,5	9	19,5

Tafel 2

zur Entnahme der zu den Angaben des eichfähigen Getreideprobers
zu 1 *l* zugehörigen Angaben anderer Proben

d) für Gerste.

Angaben des eichfähigen Getreideprobers zu 1 *l*	des eichfähigen Getreideprobers zu		Zugehörige Angaben				
			des Hektolitergewichts ober Scheffelgewichts	in englischem	in amerikanischem		in russischem
	¼ *l*	20 *l*		Maß und Gewicht			
1.	2.	3.	4.	5.	6.	7.	8.
Gramm im 1 Liter	Gramm im ¼ Liter	Kilogramm im 20 Liter	Kilogramm im Hektoliter ober Pfund im Scheffel	Pfund englisch im Imp. Quarter	Pfund englisch im Bushel	Pfund englisch im amerik. Bushel	Pud im Tschetwert · Pfund
740	184,5	14,81	74,15	475	59,4	57,6	9 · 20
741	185	14,83	74,25	476	59,5	57,7	9 · 20,5
742	185	14,855	74,35	477	59,6	57,8	9 · 21
743	185,5	14,875	74,45	477	59,7	57,8	9 · 21,5
744	185,5	14,895	74,55	478	59,7	57,9	9 · 22
745	186	14,915	74,65	479	59,8	58,0	9 · 22,5
746	186	14,935	74,75	479	59,9	58,1	9 · 23
747	186,5	14,955	74,85	480	60,0	58,2	9 · 23,5
748	186,5	14,975	74,95	480	60,1	58,2	9 · 24
749	187	14,995	75,05	481	60,1	58,3	9 · 24,5
750	187	15,015	75,15	482	60,2	58,4	9 · 25

Tafel 3

zur Entnahme der zu den Angaben **des eichfähigen Getreideprobers zu 20** *l* zugehörigen Angaben anderer Proben.

Tafel 3
zur Entnahme der zu den Angaben des **eichfähigen Getreideprobers zu 20 *l*** zugehörigen Angaben anderer Proben
a) für Weizen.

Angaben des eichfähigen Getreideprobers zu 20 *l*	Zugehörige Angaben						
	des eichfähigen Getreideprobers zu		des Hektoliter- oder Scheffelgewichts	in englischem	in amerikanischem	in russischem	
	¼ *l*	1 *l*		Maß und Gewicht			
1.	2.	3.	4.	5.	6.	7.	8.
Kilogramm im 20 Liter	Gramm im ¼ Liter	Gramm im 1 Liter	Kilogramm im Hektoliter oder Pfund im Scheffel	Pfund englisch im Imp. Quarter	Pfund englisch im Bushel	Pfund englisch im amerik. Bushel	Pud	Pfund im Tschetwert
13,17	168	669	66,0	423	52,9	51,3	8	18,5
13,18	168	669,5	66,05	423	52,9	51,3	8	18,5
13,19	168	670	66,1	424	53,0	51,4	8	19
13,20	168,5	670	66,15	424	53,0	51,4	8	19
13,21	168,5	670,5	66,2	424	53,1	51,4	8	19,5
13,22	168,5	671	66,25	425	53,1	51,5	8	19,5
13,23	168,5	671,5	66,3	425	53,1	51,5	8	20
13,24	168,5	672	66,35	425	53,2	51,5	8	20
13,25	169	672,5	66,4	426	53,2	51,6	8	20,5
13,26	169	673	66,45	426	53,3	51,6	8	20,5
13,27	169	673,5	66,5	426	53,3	51,7	8	21
13,28	169	674	66,55	427	53,3	51,7	8	21
13,29	169,5	674,5	66,6	427	53,4	51,7	8	21,5
13,30	169,5	675	66,65	427	53,4	51,8	8	21,5
13,31	169,5	675,5	66,7	428	53,5	51,8	8	22
13,32	169,5	675,5	66,75	428	53,5	51,9	8	22
13,33	170	676	66,8	428	53,5	51,9	8	22,5
13,34	170	676,5	66,85	429	53,6	51,9	8	22,5
13,35	170	677	66,9	429	53,6	52,0	8	23
13,36	170	677,5	66,95	429	53,7	52,0	8	23
13,37	170	678	67,0	430	53,7	52,1	8	23,5
13,38	170,5	678,5	67,05	430	53,7	52,1	8	23,5
13,39	170,5	679	67,1	430	53,8	52,1	8	24
13,40	170,5	679,5	67,15	430	53,8	52,2	8	24
13,41	170,5	680	67,2	431	53,9	52,2	8	24,5
13,42	171	680,5	67,25	431	53,9	52,2	8	24,5
13,43	171	681	67,3	431	53,9	52,3	8	25
13,44	171	681	67,35	432	54,0	52,3	8	25
13,45	171	681,5	67,45	432	54,1	52,4	8	25,5
13,46	171	682	67,5	433	54,1	52,4	8	26
13,47	171,5	682,5	67,55	433	54,1	52,5	8	26
13,48	171,5	683	67,6	433	54,2	52,5	8	26,5
13,49	171,5	683,5	67,65	434	54,2	52,6	8	27
13,50	171,5	684	67,7	434	54,3	52,6	8	27
13,51	172	684,5	67,75	434	54,3	52,6	8	27,5
13,52	172	685	67,8	435	54,3	52,7	8	27,5
13,53	172	685,5	67,85	435	54,4	52,7	8	28
13,54	172	686	67,9	435	54,4	52,8	8	28

Tafel 3
zur Entnahme der zu den Angaben des **eichfähigen Getreideprobers** zu 20 *l* zugehörigen Angaben anderer Proben
a) für Weizen.

Angaben des eichfähigen Getreidepvobers zu 20 *l*	des eichfähigen Getreideprobers zu		Zugehörige Angaben				
	¼ *l*	1 *l*	des Hektoliter- oder Scheffel- gewichts	in englischem	in amerika- nischem		in russischem
					Maß und Gewicht		
1.	2.	3.	4.	5.	6.	7.	8.
Kilo- gramm im 20 Liter	Gramm im ¼ Liter	Gramm im 1 Liter	Kilo- gramm im Hekto- liter oder Pfund im Scheffel	Pfund englisch im Imp. Quarter	Pfund englisch im Bushel	Pfund englisch im amerik. Bushel	Pud im Tschetwert	Pfund
13,55	172,5	686,5	67,95	436	54,5	52,8	8	28,5
13,56	172,5	687	68,0	436	54,5	52,8	8	28,5
13,57	172,5	687	68,05	436	54,5	52,9	8	29
13,58	172,5	687,5	68,1	437	54,6	52,9	8	29
13,59	172,5	688	68,15	437	54,6	52,9	8	29,5
13,60	173	688,5	68,2	437	54,7	53,0	8	29,5
13,61	173	689	68,25	438	54,7	53,0	8	30
13,62	173	689,5	68,3	438	54,7	53,1	8	30
13,63	173	690	68,35	438	54,8	53,1	8	30,5
13,64	173,5	690,5	68,4	438	54,8	53,1	8	30,5
13,65	173,5	691	68,45	439	54,9	53,2	8	31
13,66	173,5	691,5	68,5	439	54,9	53,2	8	31
13,67	173,5	692	68,55	439	54,9	53,3	8	31,5
13,68	173,5	692,5	68,6	440	55,0	53,3	8	31,5
13,69	174	692,5	68,65	440	55,0	53,3	8	32
13,70	174	693	68,7	440	55,1	53,4	8	32
13,71	174	693,5	68,75	441	55,1	53,4	8	32,5
13,72	174	694	68,8	441	55,1	53,5	8	32,5
13,73	174,5	694,5	68,85	441	55,2	53,5	8	33
13,74	174,5	695	68,9	442	55,2	53,5	8	33
13,75	174,5	695,5	68,95	442	55,3	53,6	8	33,5
13,76	174,5	696	69,0	442	55,3	53,6	8	33,5
13,77	175	696,5	69,05	443	55,3	53,6	8	34
13,78	175	697	69,1	443	55,4	53,7	8	34
13,79	175	697,5	69,15	443	55,4	53,7	8	34,5
13,80	175	698	69,2	444	55,5	53,8	8	34,5
13,81	175	698	69,25	444	55,5	53,8	8	35
13,82	175,5	698,5	69,3	444	55,5	53,8	8	35
13,83	175,5	699	69,35	445	55,6	53,9	8	35,5
13,84	175,5	699,5	69,4	445	55,6	53,9	8	35,5
13,85	175,5	700	69,45	445	55,7	54,0	8	36
13,86	176	700,5	69,5	446	55,7	54,0	8	36
13,87	176	701	69,55	446	55,7	54,0	8	36,5
13,88	176	701,5	69,6	446	55,8	54,1	8	37
13,89	176	702	69,65	446	55,8	54,1	8	37
13,90	176	702,5	69,7	447	55,9	54,1	8	37,5
13,91	176,5	703	69,75	447	55,9	54,2	8	37,5
13,92	176,5	703,5	69,8	447	55,9	54,2	8	38
13,93	176,5	703,5	69,85	448	56,0	54,3	8	38
13,94	176,5	704	69,9	448	56,0	54,3	8	38,5

Tafel 3
zur Entnahme der zu den Angaben des **eichfähigen Getreideprobers** zu **20 *l*** zugehörigen Angaben anderer Proben
a) für Weizen.

Angaben des eichfähigen Getreideprobers zu 20 *l*	Zugehörige Angaben						
	des eichfähigen Getreideprobers zu		des Hektoliter- oder Scheffelgewichts	in englischem	in amerikanischem	in russischem	
	¼ *l*	1 *l*		Maß und Gewicht			
1.	2.	3.	4.	5.	6.	7.	8.
Kilogramm im 20 Liter	Gramm im ¼ Liter	Gramm im 1 Liter	Kilogramm im Hektoliter oder Pfund im Scheffel	Pfund englisch im Imp. Quarter	Pfund englisch im Bushel	Pfund englisch im amerik. Bushel	Pud im Tschetwert	Pfund im Tschetwert
13,95	177	704,5	70,0	449	56,1	54,4	8	39
13,96	177	705	70,05	449	56,1	54,4	8	39
13,97	177	705,5	70,1	449	56,2	54,5	8	39,5
13,98	177	706	70,15	450	56,2	54,5	8	39,5
13,99	177,5	706,5	70,2	450	56,3	54,5	9	0
14,00	177,5	707	70,25	450	56,3	54,6	9	0
14,01	177,5	707,5	70,3	451	56,3	54,6	9	0,5
14,02	177,5	708	70,35	451	56,4	54,7	9	0,5
14,03	177,5	708,5	70,4	451	56,4	54,7	9	1
14,04	178	709	70,45	452	56,5	54,7	9	1
14,05	178	709,5	70,5	452	56,5	54,8	9	1,5
14,06	178	709,5	70,55	452	56,5	54,8	9	1,5
14,07	178	710	70,6	453	56,6	54,8	9	2
14,08	178,5	710,5	70,65	453	56,6	54,9	9	2
14,09	178,5	711	70,7	453	56,7	54,9	9	2,5
14,10	178,5	711,5	70,75	454	56,7	55,0	9	2,5
14,11	178,5	712	70,8	454	56,7	55,0	9	3
14,12	178,5	712,5	70,85	454	56,8	55,0	9	3
14,13	179	713	70,9	455	56,8	55,1	9	3,5
14,14	179	713,5	70,95	455	56,9	55,1	9	3,5
14,15	179	714	71,0	455	56,9	55,2	9	4
14,16	179	714,5	71,05	455	56,9	55,2	9	4
14,17	179,5	715	71,1	456	57,0	55,2	9	4,5
14,18	179,5	715	71,15	456	57,0	55,3	9	4,5
14,19	179,5	715,5	71,2	456	57,1	55,3	9	5
14,20	179,5	716	71,25	457	57,1	55,4	9	5
14,21	180	716,5	71,3	457	57,1	55,4	9	5,5
14,22	180	717	71,35	457	57,2	55,4	9	5,5
14,23	180	717,5	71,4	458	57,2	55,5	9	6
14,24	180	718	71,45	458	57,3	55,5	9	6
14,25	180	718,5	71,5	458	57,3	55,5	9	6,5
14,26	180,5	719	71,55	459	57,3	55,6	9	6,5
14,27	180,5	719,5	71,6	459	57,4	55,6	9	7
14,28	180,5	720	71,65	459	57,4	55,7	9	7
14,29	180,5	720,5	71,7	460	57,5	55,7	9	7,5
14,30	181	720,5	71,75	460	57,5	55,7	9	8
14,31	181	721	71,8	460	57,5	55,8	9	8
14,32	181	721,5	71,85	461	57,6	55,8	9	8,5
14,33	181	722	71,9	461	57,6	55,9	9	8,5
14,34	181,5	722,5	71,95	461	57,7	55,9	9	9

Tafel 3
zur Entnahme der zu den Angaben des eichfähigen Getreideprobers zu 20 *l* zugehörigen Angaben anderer Proben
a) für Weizen.

Angaben des eichfähigen Getreideprobers zu 20 *l*	Zugehörige Angaben						
	des eichfähigen Getreideprobers zu		des Hektoliter- oder Scheffel- gewichts	in englischem Maß und Gewicht		in amerikanischem	in russischem
	¼ *l*	1 *l*					
1.	2.	3.	4.	5.	6.	7.	8.
Kilogramm im 20 Liter	Gramm im ¼ Liter	Gramm im 1 Liter	Kilogramm im Hektoliter oder Pfund im Scheffel	Pfund englisch im Imp. Quarter	Pfund englisch im Bushel	Pfund englisch im amerik. Bushel	Pud | Pfund im Tschetwert
14,35	181,5	723	72,0	462	57,7	55,9	9 | 9
14,36	181,5	723,5	72,05	462	57,7	56,0	9 | 9,5
14,37	181,5	724	72,1	462	57,8	56,0	9 | 9,5
14,38	181,5	724,5	72,15	463	57,8	56,1	9 | 10
14,39	182	725	72,2	463	57,9	56,1	9 | 10
14,40	182	725,5	72,25	463	57,9	56,1	9 | 10,5
14,41	182	726	72,3	463	57,9	56,2	9 | 10,5
14,42	182	726,5	72,35	464	58,0	56,2	9 | 11
14,43	182,5	726,5	72,4	464	58,0	56,2	9 | 11
14,44	182,5	727	72,45	464	58,1	56,3	9 | 11,5
14,45	182,5	727,5	72,55	465	58,1	56,4	9 | 12
14,46	182,5	728	72,6	465	58,2	56,4	9 | 12
14,47	182,5	728,5	72,65	466	58,2	56,4	9 | 12,5
14,48	183	729	72,7	466	58,3	56,5	9 | 12,5
14,49	183	729,5	72,75	466	58,3	56,5	9 | 13
14,50	183	730	72,8	467	58,3	56,6	9 | 13
14,51	183	730,5	72,85	467	58,4	56,6	9 | 13,5
14,52	183,5	731	72,9	467	58,4	56,6	9 | 13,5
14,53	183,5	731,5	72,95	468	58,5	56,7	9 | 14
14,54	183,5	732	73,0	468	58,5	56,7	9 | 14
14,55	183,5	732	73,05	468	58,5	56,8	9 | 14,5
14,56	184	732,5	73,1	469	58,6	56,8	9 | 14,5
14,57	184	733	73,15	469	58,6	56,8	9 | 15
14,58	184	733,5	73,2	469	58,7	56,9	9 | 15
14,59	184	734	73,25	470	58,7	56,9	9 | 15,5
14,60	184	734,5	73,3	470	58,7	56,9	9 | 15,5
14,61	184,5	735	73,35	470	58,8	57,0	9 | 16
14,62	184,5	735,5	73,4	471	58,8	57,0	9 | 16
14,63	184,5	736	73,45	471	58,9	57,1	9 | 16,5
14,64	184,5	736,5	73,5	471	58,9	57,1	9 | 16,5
14,65	185	737	73,55	471	58,9	57,1	9 | 17
14,66	185	737,5	73,6	472	59,0	57,2	9 | 17,5
14,67	185	737,5	73,65	472	59,0	57,2	9 | 17,5
14,68	185	738	73,7	472	59,1	57,3	9 | 18
14,69	185	738,5	73,75	473	59,1	57,3	9 | 18
14,70	185,5	739	73,8	473	59,1	57,3	9 | 18,5
14,71	185,5	739,5	73,85	473	59,2	57,4	9 | 18,5
14,72	185,5	740	73,9	474	59,2	57,4	9 | 19
14,73	185,5	740,5	73,95	474	59,3	57,5	9 | 19
14,74	186	741	74,0	474	59,3	57,5	9 | 19,5

Tafel 3
zur Entnahme der zu den Angaben des eichfähigen Getreideprobers zu 20 *l* zugehörigen Angaben anderer Proben
a) für Weizen.

Angaben des eichfähigen Getreideprobers zu 20 *l*	Zugehörige Angaben						
	des eichfähigen Getreideprobers zu		des Hektoliter- oder Scheffelgewichts	in englischem	in amerikanischem	in russischem	
	¼ *l*	1 *l*		Maß und Gewicht			
1.	2.	3.	4.	5.	6.	7.	8.
Kilogramm im 20 Liter	Gramm im ¼ Liter	Gramm im 1 Liter	Kilogramm im Hektoliter oder Pfund im Scheffel	Pfund englisch im Imp. Quarter	Pfund englisch im Bushel	Pfund englisch im amerik. Bushel	Pud im Tschetwert / Pfund
14,75	186	741,5	74,05	475	59,3	57,5	9 / 19,5
14,76	186	742	74,1	475	59,4	57,6	9 / 20
14,77	186	742,5	74,15	475	59,4	57,6	9 / 20
14,78	186,5	743	74,2	476	59,5	57,6	9 / 20,5
14,79	186,5	743	74,25	476	59,5	57,7	9 / 20,5
14,80	186,5	743,5	74,3	476	59,5	57,7	9 / 21
14,81	186,5	744	74,35	477	59,6	57,8	9 / 21
14,82	186,5	744,5	74,4	477	59,6	57,8	9 / 21,5
14,83	187	745	74,45	477	59,7	57,8	9 / 21,5
14,84	187	745,5	74,5	478	59,7	57,9	9 / 22
14,85	187	746	74,55	478	59,7	57,9	9 / 22
14,86	187	746,5	74,6	478	59,8	58,0	9 / 22,5
14,87	187,5	747	74,65	479	59,8	58,0	9 / 22,5
14,88	187,5	747,5	74,7	479	59,9	58,0	9 / 23
14,89	187,5	748	74,75	479	59,9	58,1	9 / 23
14,90	187,5	748,5	74,8	480	59,9	58,1	9 / 23,5
14,91	187,5	749	74,85	480	60,0	58,2	9 / 23,5
14,92	188	749	74,9	480	60,0	58,2	9 / 24
14,93	188	749,5	74,95	480	60,1	58,2	9 / 24
14,94	188	750	75,0	481	60,1	58,3	9 / 24,5
14,95	188	750,5	75,1	481	60,2	58,3	9 / 25
14,96	188,5	751	75,15	482	60,2	58,4	9 / 25
14,97	188,5	751,5	75,2	482	60,3	58,4	9 / 25,5
14,98	188,5	752	75,25	482	60,3	58,5	9 / 25,5
14,99	188,5	752,5	75,3	483	60,3	58,5	9 / 26
15,00	189	753	75,35	483	60,4	58,5	9 / 26
15,01	189	753,5	75,4	483	60,4	58,6	9 / 26,5
15,02	189	754	75,45	484	60,5	58,6	9 / 26,5
15,03	189	754,5	75,5	484	60,5	58,7	9 / 27
15,04	189	754,5	75,55	484	60,5	58,7	9 / 27,5
15,05	189,5	755	75,6	485	60,6	58,7	9 / 27,5
15,06	189,5	755,5	75,65	485	60,6	58,8	9 / 28
15,07	189,5	756	75,7	485	60,7	58,8	9 / 28
15,08	189,5	756,5	75,75	486	60,7	58,8	9 / 28,5
15,09	190	757	75,8	486	60,7	58,9	9 / 28,5
15,10	190	757,5	75,85	486	60,8	58,9	9 / 29
15,11	190	758	75,9	487	60,8	59,0	9 / 29
15,12	190	758,5	75,95	487	60,9	59,0	9 / 29,5
15,13	190	759	76,0	487	60,9	59,0	9 / 29,5
15,14	190,5	759,5	76,05	488	60,9	59,1	9 / 30

Tafel 3

zur Entnahme der zu den Angaben des **eichfähigen Getreideprobers** zu 20 *l* zugehörigen Angaben anderer Proben

a) für Weizen.

Angaben des eichfähigen Getreideprobers zu 20 *l*	des eichfähigen Getreideprobers zu		Zugehörige Angaben				
			des Hektoliter- oder Scheffelgewichts	in englischem	in amerikanischem		in russischem
	¼ *l*	1 *l*		Maß und Gewicht			
1.	2.	3.	4.	5.	6.	7.	8.
Kilogramm im 20 Liter	Gramm im ¼ Liter	Gramm im 1 Liter	Kilogramm im Hektoliter oder Pfund im Scheffel	Pfund englisch im Imp. Quarter	Pfund englisch im Bushel	Pfund englisch im amerik. Bushel	Pud im Tschetwert	Pfund
15,15	190,5	760	76,1	488	61,0	59,1	9	30
15,16	190,5	760	76,15	488	61,0	59,2	9	30,5
15,17	190,5	760,5	76,2	488	61,1	59,2	9	30,5
15,18	191	761	76,25	489	61,1	59,2	9	31
15,19	191	761,5	76,3	489	61,1	59,3	9	31
15,20	191	762	76,35	489	61,2	59,3	9	31,5
15,21	191	762,5	76,4	490	61,2	59,4	9	31,5
15,22	191,5	763	76,45	490	61,3	59,4	9	32
15,23	191,5	763,5	76,5	490	61,3	59,4	9	32
15,24	191,5	764	76,55	491	61,3	59,5	9	32,5
15,25	191,5	764,5	76,6	491	61,4	59,5	9	32,5
15,26	191,5	765	76,65	491	61,4	59,5	9	33
15,27	192	765,5	76,7	492	61,5	59,6	9	33
15,28	192	765,5	76,75	492	61,5	59,6	9	33,5
15,29	192	766	76,8	492	61,5	59,7	9	33,5
15,30	192	766,5	76,85	493	61,6	59,7	9	34
15,31	192,5	767	76,9	493	61,6	59,7	9	34
15,32	192,5	767,5	76,95	493	61,7	59,8	9	34,5
15,33	192,5	768	77,0	494	61,7	59,8	9	34,5
15,34	192,5	768,5	77,05	494	61,7	59,9	9	35
15,35	192,5	769	77,1	494	61,8	59,9	9	35
15,36	193	769,5	77,15	495	61,8	59,9	9	35,5
15,37	193	770	77,2	495	61,9	60,0	9	35,5
15,38	193	770,5	77,25	495	61,9	60,0	9	36
15,39	193	771	77,3	496	61,9	60,1	9	36
15,40	193,5	771,5	77,35	496	62,0	60,1	9	36,5
15,41	193,5	771,5	77,4	496	62,0	60,1	9	36,5
15,42	193,5	772	77,45	496	62,1	60,2	9	37
15,43	193,5	772,5	77,5	497	62,1	60,2	9	37
15,44	194	773	77,55	497	62,1	60,2	9	37,5
15,45	194	773,5	77,65	498	62,2	60,3	9	38
15,46	194	774	77,7	498	62,3	60,4	9	38,5
15,47	194	774,5	77,75	498	62,3	60,4	9	38,5
15,48	194	775	77,8	499	62,3	60,4	9	39
15,49	194,5	775,5	77,85	499	62,4	60,5	9	39
15,50	194,5	776	77,9	499	62,4	60,5	9	39,5
15,51	194,5	776,5	77,95	500	62,5	60,6	9	39,5
15,52	194,5	777	78,0	500	62,5	60,6	10	0
15,53	195	777	78,05	500	62,5	60,6	10	0
15,54	195	777,5	78,1	501	62,6	60,7	10	0,5

Tafel 3

zur Entnahme der zu den Angaben des **eichfähigen Getreideprobers** zu **20 l** zugehörigen Angaben anderer Proben

a) für Weizen.

Angaben des eichfähigen Getreideprobers zu 20 l	des eichfähigen Getreideprobers zu		Zugehörige Angaben					
	¼ l	1 l	des Hektoliter- oder Schffel- gewichts	in englischem	in amerika- nischem		in russischem
					Maß und Gewicht		
1.	2.	3.	4.	5.	6.	7.	8.
Kilo- gramm im 20 Liter	Gramm im ¼ Liter	Gramm im 1 Liter	Kilo- gramm im Hekto- liter oder Pfund im Scheffel	Pfund englisch im Imp. Quarter	Pfund englisch im Bushel	Pfund englisch im amerik. Bushel	Pud	Pfund im Tschetwert
15,55	195	778	78,15	501	62,6	60,7	10	0,5
15,56	195	778,5	78,2	501	62,7	60,8	10	1
15,57	195	779	78,25	502	62,7	60,8	10	1
15,58	195,5	779,5	78,3	502	62,7	60,8	10	1,5
15,59	195,5	780	78,35	502	62,8	60,9	10	1,5
15,60	195,5	780,5	78,4	503	62,8	60,9	10	2
15,61	195,5	781	78,45	503	62,9	60,9	10	2
15,62	196	781,5	78,5	503	62,9	61,0	10	2,5
15,63	196	782	78,55	504	62,9	61,0	10	2,5
15,64	196	782,5	78,6	504	63,0	61,1	10	3
15,65	196	782,5	78,65	504	63,0	61,1	10	3
15,66	196,5	783	78,7	505	63,1	61,1	10	3,5
15,67	196,5	783,5	78,75	505	63,1	61,2	10	3,5
15,68	196,5	784	78,8	505	63,1	61,2	10	4
15,69	196,5	784,5	78,85	505	63,2	61,3	10	4
15,70	196,5	785	78,9	506	63,2	61,3	10	4,5
15,71	197	785,5	78,95	506	63,3	61,3	10	4,5
15,72	197	786	79,0	506	63,3	61,4	10	5
15,73	197	786,5	79,05	507	63,3	61,4	10	5
15,74	197	787	79,1	507	63,4	61,5	10	5,5
15,75	197,5	787,5	79,15	507	63,4	61,5	10	5,5
15,76	197,5	788	79,2	508	63,5	61,5	10	6
15,77	197,5	788	79,25	508	63,5	61,6	10	6
15,78	197,5	788,5	79,3	508	63,5	61,6	10	6,5
15,79	197,5	789	79,35	509	63,6	61,6	10	6,5
15,80	198	789,5	79,4	509	63,6	61,7	10	7
15,81	198	790	79,45	509	63,7	61,7	10	7
15,82	198	790,5	79,5	510	63,7	61,8	10	7,5
15,83	198	791	79,55	510	63,7	61,8	10	7,5
15,84	198,5	791,5	79,6	510	63,8	61,8	10	8
15,85	198,5	792	79,65	511	63,8	61,9	10	8,5
15,86	198,5	792,5	79,7	511	63,9	61,9	10	8,5
15,87	198,5	793	79,75	511	63,9	62,0	10	9
15,88	199	793,5	79,8	512	63,9	62,0	10	9
15,89	199	794	79,85	512	64,0	62,0	10	9,5
15,90	199	794	79,9	512	64,0	62,1	10	9,5
15,91	199	794,5	79,95	513	64,1	62,1	10	10
15,92	199	795	80,0	513	64,1	62,2	10	10
15,93	199,5	795,5	80,05	513	64,1	62,2	10	10,5
15,94	199,5	796	80,1	513	64,2	62,2	10	10,5

Tafel 3
zur Entnahme der zu den Angaben des eichfähigen Getreideprobers zu 20 l zugehörigen Angaben anderer Proben
a) für Weizen.

Angaben des eichfähigen Getreidepropers zu 20 l	des eichfähigen Getreideprobers zu		Zugehörige Angaben				
			des Hektoliter- oder Scheffel- gewichts	in englischem	in amerika- nischem	in russischem	
	¼ l	1 l		Maß und Gewicht			
1.	2.	3.	4.	5.	6.	7.	8.
Kilo- gramm im 20 Liter	Gramm im ¼ Liter	Gramm im 1 Liter	Kilo- gramm im Hekto- liter oder Pfund im Scheffel	Pfund englisch im Imp. Quarter	Pfund englisch im Bushel	Pfund englisch im amerik. Bushel	Pud im Tschetwert	Pfund
15,95	199,5	796,5	80,2	514	64,3	62,3	10	11
15,96	199,5	797	80,25	514	64,3	62,3	10	11,5
15,97	200	797,5	80,3	515	64,3	62,4	10	11,5
15,98	200	798	80,35	515	64,4	62,4	10	12
15,99	200	798,5	80,4	515	64,4	62,5	10	12
16,00	200	799	80,45	516	64,5	62,5	10	12,5
16,01	200,5	799,5	80,5	516	64,5	62,5	10	12,5
16,02	200,5	799,5	80,55	516	64,6	62,6	10	13
16,03	200,5	800	80,6	517	64,6	62,6	10	13
16,04	200,5	800,5	80,65	517	64,6	62,7	10	13,5
16,05	200,5	801	80,7	517	64,7	62,7	10	13,5
16,06	201	801,5	80,75	518	64,7	62,7	10	14
16,07	201	802	80,8	518	64,8	62,8	10	14
16,08	201	802,5	80,85	518	64,8	62,8	10	14,5
16,09	201	803	80,9	519	64,8	62,9	10	14,5
16,10	201,5	803,5	80,95	519	64,9	62,9	10	15
16,11	201,5	804	81,0	519	64,9	62,9	10	15
16,12	201,5	804,5	81,05	520	65,0	63,0	10	15,5
16,13	201,5	805	81,1	520	65,0	63,0	10	15,5
16,14	201,5	805	81,15	520	65,0	63,0	10	16
16,15	202	805,5	81,2	521	65,1	63,1	10	16
16,16	202	806	81,25	521	65,1	63,1	10	16,5
16,17	202	806,5	81,3	521	65,2	63,2	10	16,5
16,18	202	807	81,35	521	65,2	63,2	10	17
16,19	202,5	807,5	81,4	522	65,2	63,2	10	17
16,20	202,5	808	81,45	522	65,3	63,3	10	17,5
16,21	202,5	808,5	81,5	522	65,3	63,3	10	17,5
16,22	202,5	809	81,55	523	65,4	63,4	10	18
16,23	203	809,5	81,6	523	65,4	63,4	10	18,5
16,24	203	810	81,65	523	65,4	63,4	10	18,5
16,25	203	810,5	81,7	524	65,5	63,5	10	19
16,26	203	810,5	81,75	524	65,5	63,5	10	19
16,27	203	811	81,8	524	65,6	63,6	10	19,5
16,28	203,5	811,5	81,85	525	65,6	63,6	10	19,5
16,29	203,5	812	81,9	525	65,6	63,6	10	20
16,30	203,5	812,5	81,95	525	65,7	63,7	10	20
16,31	203,5	813	82,0	526	65,7	63,7	10	20,5
16,32	204	813,5	82,05	526	65,8	63,7	10	20,5
16,33	204	814	82,1	526	65,8	63,8	10	21
16,34	204	814,5	82,15	527	65,8	63,8	10	21

Tafel 3
zur Entnahme der zu den Angaben des **eichfähigen Getreideprobers** zu 20 *l* zugehörigen Angaben anderer Proben
a) für Weizen.

Angaben des eichfähigen Getreideprobers zu 20 *l*	Zugehörige Angaben						
	des eichfähigen Getreideprobers zu		des Hektoliter- oder Scheffelgewichts	in englischem	in amerikanischem	in russischem	
	¼ *l*	1 *l*		Maß und Gewicht			
1.	2.	3.	4.	5.	6.	7.	8.
Kilogramm im 20 Liter	Gramm im ¼ Liter	Gramm im 1 Liter	Kilogramm im Hektoliter oder Pfund im Scheffel	Pfund englisch im Imp. Quarter	Pfund englisch im Bushel	Pfund englisch im amerik. Bushel	Pud | Pfund im Tschetwert
16,35	204	815	82,2	527	65,9	63,9	10 | 21,5
16,36	204	815,5	82,25	527	65,9	63,9	10 | 21,5
16,37	204,5	816	82,3	528	66,0	63,9	10 | 22
16,38	204,5	816,5	82,35	528	66,0	64,0	10 | 22
16,39	204,5	816,5	82,4	528	66,0	64,0	10 | 22,5

Tafel 3

zur Entnahme der zu den Angaben des eichfähigen Getreideprobers zu 20 *l* zugehörigen Angaben anderer Proben

b) für Roggen.

Angaben des eichfähigen Getreideprobers zu 20 *l*	des eichfähigen Getreideprobers zu ¼ *l*	des eichfähigen Getreideprobers zu 1 *l*	Zugehörige Angaben des Hektoliter- oder Scheffelgewichts Kilogramm im Hektoliter oder Pfund im Scheffel	in englischem Maß Pfund englisch im Imp. Quarter	in englischem Maß Pfund englisch im Bushel	in amerikanischem Maß und Gewicht Pfund englisch im amerik. Bushel	in russischem Pud	in russischem Pfund im Tschetwert
1.	2.	3.	4.	5.	6.	7.	8.	
13,06	164	654,5	65,0	417	52,1	50,5	8	13
13,07	164	655	65,05	417	52,1	50,5	8	13,5
13,08	164	655,5	65,1	417	52,2	50,6	8	13,5
13,09	164,5	656	65,15	418	52,2	50,6	8	14
13,10	164,5	656,5	65,2	418	52,2	50,7	8	14
13,11	164,5	657	65,25	418	52,3	50,7	8	14,5
13,12	164,5	657,5	65,3	419	52,3	50,7	8	14,5
13,13	165	658	65,35	419	52,4	50,8	8	15
13,14	165	658,5	65,4	419	52,4	50,8	8	15
13,15	165	659	65,45	420	52,4	50,8	8	15,5
13,16	165	659,5	65,5	420	52,5	50,9	8	15,5
13,17	165,5	660	65,55	420	52,5	50,9	8	16
13,18	165,5	660,5	65,6	421	52,6	51,0	8	16,5
13,19	165,5	661	65,65	421	52,6	51,0	8	16,5
13,20	165,5	661,5	65,7	421	52,6	51,0	8	17
13,21	165,5	662	65,75	421	52,7	51,1	8	17
13,22	166	662,5	65,8	422	52,7	51,1	8	17,5
13,23	166	662,5	65,85	422	52,8	51,2	8	17,5
13,24	166	663	65,9	422	52,8	51,2	8	18
13,25	166	663,5	65,95	423	52,9	51,2	8	18
13,26	166,5	664	66,0	423	52,9	51,3	8	18,5
13,27	166,5	664,5	66,05	423	52,9	51,3	8	18,5
13,28	166,5	665	66,15	424	53,0	51,4	8	19
13,29	166,5	665,5	66,2	424	53,1	51,4	8	19,5
13,30	167	666	66,25	425	53,1	51,5	8	19,5
13,31	167	666,5	66,3	425	53,1	51,5	8	20
13,32	167	667	66,35	425	53,2	51,5	8	20
13,33	167	667,5	66,4	426	53,2	51,6	8	20,5
13,34	167,5	668	66,45	426	53,3	51,6	8	20,5
13,35	167,5	668,5	66,5	426	53,3	51,7	8	21
13,36	167,5	669	66,55	427	53,3	51,7	8	21
13,37	167,5	669,5	66,6	427	53,4	51,7	8	21,5
13,38	168	670	66,65	427	53,4	51,8	8	21,5
13,39	168	670,5	66,7	428	53,5	51,8	8	22
13,40	168	671	66,75	428	53,5	51,9	8	22
13,41	168	671,5	66,8	428	53,5	51,9	8	22,5
13,42	168,5	671,5	66,85	429	53,6	51,9	8	22,5
13,43	168,5	672	66,9	429	53,6	52,0	8	23
13,44	168,5	672,5	66,95	429	53,7	52,0	8	23

Tafel 3
zur Entnahme der zu den Angaben des **eichfähigen Getreideprobers** zu 20 *l* zugehörigen Angaben anderer Proben
b) für Roggen.

Angaben des eichfähigen Getreideprobers zu 20 *l*	des eichfähigen Getreideprobers zu ¼ *l*	1 *l*	Zugehörige Angaben des Hektoliter- oder Scheffelgewichts	in englischem	in amerikanischem	in russischem
				Maß und Gewicht		
1.	2.	3.	4.	5.	6.	7.	8.

Kilogramm im 20 Liter	Gramm im ¼ Liter	Gramm im 1 Liter	Kilogramm im Hektoliter oder Pfund im Scheffel	Pfund englisch im Imp. Quarter	Pfund englisch im Bushel	Pfund englisch im amerik. Bushel	Pud im Tschetwert	Pfund im Tschetwert
13,45	168,5	673	67,0	430	53,7	52,1	8	23,5
13,46	168,5	673,5	67,05	430	53,7	52,1	8	23,5
13,47	169	674	67,1	430	53,8	52,1	8	24
13,48	169	674,5	67,15	430	53,8	52,2	8	24
13,49	169	675	67,2	431	53,9	52,2	8	24,5
13,50	169	675,5	67,25	431	53,9	52,2	8	24,5
13,51	169,5	676	67,3	431	53,9	52,3	8	25
13,52	169,5	676,5	67,35	432	54,0	52,3	8	25
13,53	169,5	677	67,45	432	54,1	52,4	8	25,5
13,54	169,5	677,5	67,5	433	54,1	52,4	8	26
13,55	170	678	67,55	433	54,1	52,5	8	26
13,56	170	678,5	67,6	433	54,2	52,5	8	26,5
13,57	170	679	67,65	434	54,2	52,6	8	27
13,58	170	679,5	67,7	434	54,3	52,6	8	27
13,59	170,5	680	67,75	434	54,3	52,6	8	27,5
13,60	170,5	680	67,8	435	54,3	52,7	8	27,5
13,61	170,5	680,5	67,85	435	54,4	52,7	8	28
13,62	170,5	681	67,9	435	54,4	52,8	8	28
13,63	171	681,5	67,95	436	54,5	52,8	8	28,5
13,64	171	682	68,0	436	54,5	52,8	8	28,5
13,65	171	682,5	68,05	436	54,5	52,9	8	29
13,66	171	683	68,1	437	54,6	52,9	8	29
13,67	171,5	683,5	68,15	437	54,6	52,9	8	29,5
13,68	171,5	684	68,2	437	54,7	53,0	8	29,5
13,69	171,5	684,5	68,25	438	54,7	53,0	8	30
13,70	171,5	685	68,3	438	54,7	53,1	8	30
13,71	172	685,5	68,35	438	54,8	53,1	8	30,5
13,72	172	686	68,4	438	54,8	53,1	8	30,5
13,73	172	686,5	68,45	439	54,9	53,2	8	31
13,74	172	687	68,5	439	54,9	53,2	8	31
13,75	172	687,5	68,55	439	54,9	53,3	8	31,5
13,76	172,5	688	68,6	440	55,0	53,3	8	31,5
13,77	172,5	688,5	68,65	440	55,0	53,3	8	32
13,78	172,5	689	68,75	441	55,1	53,4	8	32,5
13,79	172,5	689	68,8	441	55,1	53,5	8	32,5
13,80	173	689,5	68,85	441	55,2	53,5	8	33
13,81	173	690	68,9	442	55,2	53,5	8	33
13,82	173	690,5	68,95	442	55,3	53,6	8	33,5
13,83	173	691	69,0	442	55,3	53,6	8	33,5
13,84	173,5	691,5	69,05	443	55,3	53,6	8	34

Tafel 3
zur Entnahme der zu den Angaben des **eichfähigen Getreideprobers** zu 20 *l* zugehörigen Angaben anderer Proben
b) für Roggen.

Angaben des eichfähigen Getreideprobers zu 20 *l*	des eichfähigen Getreideprobers zu ¼ *l*	des eichfähigen Getreideprobers zu 1 *l*	Zugehörige Angaben des Hektoliter- oder Scheffelgewichts	in englischem	in amerikanischem	in russischem
1.	2.	3.	4.	5.	6.	7.	8.
Kilogramm im 20 Liter	Gramm im ¼ Liter	Gramm im 1 Liter	Kilogramm im Hektoliter oder Pfund im Scheffel	Pfund englisch im Imp. Quarter	Pfund englisch im Bushel	Pfund englisch im amerik. Bushel	Pud Pfund im Tschetwert
13,85	173,5	692	69,1	443	55,4	53,7	8	34
13,86	173,5	692,5	69,15	443	55,4	53,7	8	34,5
13,87	173,5	693	69,2	444	55,5	53,8	8	34,5
13,88	174	693,5	69,25	444	55,5	53,8	8	35
13,89	174	694	69,3	444	55,5	53,8	8	35
13,90	174	694,5	69,35	445	55,6	53,9	8	35,5
13,91	174	695	69,4	445	55,6	53,9	8	35,5
13,92	174,5	695,5	69,45	445	55,7	54,0	8	36
13,93	174,5	696	69,5	446	55,7	54,0	8	36
13,94	174,5	696,5	69,55	446	55,7	54,0	8	36,5
13,95	174,5	697	69,6	446	55,8	54,1	8	37
13,96	175	697,5	69,65	446	55,8	54,1	8	37
13,97	175	698	69,7	447	55,9	54,1	8	37,5
13,98	175	698	69,75	447	55,9	54,2	8	37,5
13,99	175	698,5	69,8	447	55,9	54,2	8	38
14,00	175	699	69,85	448	56,0	54,3	8	38
14,01	175,5	699,5	69,9	448	56,0	54,3	8	38,5
14,02	175,5	700	69,95	448	56,1	54,3	8	38,5
14,03	175,5	700,5	70,05	449	56,1	54,4	8	39
14,04	175,5	701	70,1	449	56,2	54,5	8	39,5
14,05	176	701,5	70,15	450	56,2	54,5	8	39,5
14,06	176	702	70,2	450	56,3	54,5	9	0
14,07	176	702,5	70,25	450	56,3	54,6	9	0
14,08	176	703	70,3	451	56,3	54,6	9	0,5
14,09	176,5	703,5	70,35	451	56,4	54,7	9	0,5
14,10	176,5	704	70,4	451	56,4	54,7	9	1
14,11	176,5	704,5	70,45	452	56,5	54,7	9	1
14,12	176,5	705	70,5	452	56,5	54,8	9	1,5
14,13	177	705,5	70,55	452	56,5	54,8	9	1,5
14,14	177	706	70,6	453	56,6	54,8	9	2
14,15	177	706,5	70,65	453	56,6	54,9	9	2
14,16	177	706,5	70,7	453	56,7	54,9	9	2,5
14,17	177,5	707	70,75	454	56,7	55,0	9	2,5
14,18	177,5	707,5	70,8	454	56,7	55,0	9	3
14,19	177,5	708	70,85	454	56,8	55,0	9	3
14,20	177,5	708,5	70,9	455	56,8	55,1	9	3,5
14,21	178	709	70,95	455	56,9	55,1	9	3,5
14,22	178	709,5	71,0	455	56,9	55,2	9	4
14,23	178	710	71,05	455	56,9	55,2	9	4
14,24	178	710,5	71,1	456	57,0	55,2	9	4,5

Tafel 3
zur Entnahme der zu den Angaben des **eichfähigen Getreideprobers** zu 20 *l* zugehörigen Angaben anderer Proben

b) für Roggen.

Angaben des eichfähigen Getreideprobers zu 20 *l*	Zugehörige Angaben						
	des eichfähigen Getreideprobers zu		des Hektoliter= oder Scheffel= gewichts	in englischem	in amerika= nischem	in russischem	
	¼ *l*	1 *l*		Maß und Gewicht			
1.	2.	3.	4.	5.	6.	7.	8.
Kilo= gramm im 20 Liter	Gramm im ¼ Liter	Gramm im 1 Liter	Kilo= gramm im Hekto= liter oder Pfund im Scheffel	Pfund englisch im Imp. Quarter	Pfund englisch im Bushel	Pfund englisch im amerik. Bushel	Pud im Tschetwert	Pfund
14,25	178,5	711	71,15	456	57,0	55,3	9	4,5
14,26	178,5	711,5	71,2	456	57,1	55,3	9	5
14,27	178,5	712	71,25	457	57,1	55,4	9	5
14,28	178,5	712,5	71,35	457	57,2	55,4	9	5,5
14,29	178,5	713	71,4	458	57,2	55,5	9	6
14,30	179	713,5	71,45	458	57,3	55,5	9	6
14,31	179	714	71,5	458	57,3	55,5	9	6,5
14,32	179	714,5	71,55	459	57,3	55,6	9	6,5
14,33	179	715	71,6	459	57,4	55,6	9	7
14,34	179,5	715,5	71,65	459	57,4	55,7	9	7,5
14,35	179,5	715,5	71,7	460	57,5	55,7	9	7,5
14,36	179,5	716	71,75	460	57,5	55,7	9	8
14,37	179,5	716,5	71,8	460	57,5	55,8	9	8
14,38	180	717	71,85	461	57,6	55,8	9	8,5
14,39	180	717,5	71,9	461	57,6	55,9	9	8,5
14,40	180	718	71,95	461	57,7	55,9	9	9
14,41	180	718,5	72,0	462	57,7	55,9	9	9
14,42	180,5	719	72,05	462	57,7	56,0	9	9,5
14,43	180,5	719,5	72,1	462	57,8	56,0	9	9,5
14,44	180,5	720	72,15	463	57,8	56,1	9	10
14,45	180,5	720,5	72,2	463	57,9	56,1	9	10
14,46	181	721	72,25	463	57,9	56,1	9	10,5
14,47	181	721,5	72,3	463	57,9	56,2	9	10,5
14,48	181	722	72,35	464	58,0	56,2	9	11
14,49	181	722,5	72,4	464	58,0	56,2	9	11
14,50	181,5	723	72,45	464	58,1	56,3	9	11,5
14,51	181,5	723,5	72,5	465	58,1	56,3	9	11,5
14,52	181,5	724	72,55	465	58,1	56,4	9	12
14,53	181,5	724,5	72,65	466	58,2	56,4	9	12,5
14,54	181,5	724,5	72,7	466	58,3	56,5	9	12,5
14,55	182	725	72,75	466	58,3	56,5	9	13
14,56	182	725,5	72,8	467	58,3	56,6	9	13
14,57	182	726	72,85	467	58,4	56,6	9	13,5
14,58	182	726,5	72,9	467	58,4	56,6	9	13,5
14,59	182,5	727	72,95	468	58,5	56,7	9	14
14,60	182,5	727,5	73,0	468	58,5	56,7	9	14
14,61	182,5	728	73,05	468	58,5	56,8	9	14,5
14,62	182,5	728,5	73,1	469	58,6	56,8	9	14,5
14,63	183	729	73,15	469	58,6	56,8	9	15
14,64	183	729,5	73,2	469	58,7	56,9	9	15

Tafel 3
zur Entnahme der zu den Angaben des **eichfähigen Getreideprobers** zu 20 *l* zugehörigen Angaben anderer Proben
b) für Roggen.

Angaben des eichfähigen Getreideprobers zu 20 *l*	des eichfähigen Getreideprobers zu		Zugehörige Angaben				
	¼ *l*	1 *l*	des Hektoliter- oder Scheffel- gewichts	in englischem	in amerika- nischem		in russischem
				Maß und Gewicht			
1.	2.	3.	4.	5.	6.	7.	8.
Kilo- gramm im 20 Liter	Gramm im ¼ Liter	Gramm im 1 Liter	Kilo- gramm im Hekto- liter oder Pfund im Scheffel	Pfund englisch im Imp. Quarter	Pfund englisch im Bushel	Pfund englisch im amerik. Bushel	Pud im	Pfund im Tschetwert
14,65	183	730	73,25	470	58,7	56,9	9	15,5
14,66	183	730,5	73,3	470	58,7	56,9	9	15,5
14,67	183,5	731	73,35	470	58,8	57,0	9	16
14,68	183,5	731,5	73,4	471	58,8	57,0	9	16
14,69	183,5	732	73,45	471	58,9	57,1	9	16,5
14,70	183,5	732,5	73,5	471	58,9	57,1	9	16,5
14,71	184	733	73,55	471	58,9	57,1	9	17
14,72	184	733	73,6	472	59,0	57,2	9	17,5
14,73	184	733,5	73,65	472	59,0	57,2	9	17,5
14,74	184	734	73,7	472	59,1	57,3	9	18
14,75	184,5	734,5	73,75	473	59,1	57,3	9	18
14,76	184,5	735	73,8	473	59,1	57,3	9	18,5
14,77	184,5	735,5	73 85	473	59,2	57,4	9	18,5
14,78	184,5	736	73,95	474	59,3	57,5	9	19
14,79	185	736,5	74,0	474	59,3	57,5	9	19,5
14,80	185	737	74,05	475	59,3	57,5	9	19,5
14,81	185	737,5	74,1	475	59,4	57,6	9	20
14,82	185	738	74,15	475	59,4	57,6	9	20
14,83	185	738,5	74,2	476	59,5	57,6	9	20,5
14,84	185,5	739	74,25	476	59,5	57,7	9	20,5
14,85	185,5	739,5	74,3	476	59,5	57,7	9	21
14,86	185,5	740	74,35	477	59,6	57,8	9	21
14,87	185,5	740,5	74,4	477	59,6	57,8	9	21,5
14,88	186	741	74,45	477	59,7	57,8	9	21,5
14,89	186	741,5	74,5	478	59,7	57,9	9	22
14,90	186	742	74,55	478	59,7	57,9	9	22
14,91	186	742	74,6	478	59,8	58,0	9	22,5
14,92	186,5	742,5	74,65	479	59,8	58,0	9	22,5
14,93	186,5	743	74,7	479	59,9	58,0	9	23
14,94	186,5	743,5	74,75	479	59,9	58,1	9	23
14,95	186,5	744	74,8	480	59,9	58,1	9	23,5
14,96	187	744,5	74,85	480	60,0	58,2	9	23,5
14,97	187	745	74,9	480	60,0	58,2	9	24
14,98	187	745,5	74,95	480	60,1	58,2	9	24
14,99	187	746	75,0	481	60,1	58,3	9	24,5
15,00	187,5	746,5	75,05	481	60,1	58,3	9	24,5
15,01	187,5	747	75,1	481	60,2	58,3	9	25
15,02	187,5	747,5	75,2	482	60,3	58,4	9	25,5
15,03	187,5	748	75,25	482	60,3	58,5	9	25,5
15,04	188	748,5	75,3	483	60,3	58,5	9	26

Tafel 3

zur Entnahme der zu den Angaben des eichfähigen Getreideprobers zu 20 *l* zugehörigen Angaben anderer Proben

b) für Roggen.

Angaben des eichfähigen Getreideprobers zu 20 *l*	des eichfähigen Getreideprobers zu		Zugehörige Angaben				
			des Hektoliter oder Scheffelgewichts	in englischem	in amerikanischem	in russischem	
	¼ *l*	1 *l*		Maß und Gewicht			
1.	2.	3.	4.	5.	6.	7.	8.
Kilogramm im 20 Liter	Gramm im ¼ Liter	Gramm im 1 Liter	Kilogramm im Hektoliter oder Pfund im Scheffel	Pfund englisch im Imp. Quarter	Pfund englisch im Bushel	Pfund englisch im amerik. Bushel	Pud im Tschetwert
15,05	188	749	75,35	483	60,4	58,5	9	26
15,06	188	749,5	75,4	483	60,4	58,6	9	26,5
15,07	188	750	75,45	484	60,5	58,6	9	26,5
15,08	188	750,5	75,5	484	60,5	58,7	9	27
15,09	188,5	751	75,55	484	60,5	58,7	9	27,5
15,10	188,5	751	75,6	485	60,6	58,7	9	27,5
15,11	188,5	751,5	75,65	485	60,6	58,8	9	28
15,12	188,5	752	75,7	485	60,7	58,8	9	28
15,13	189	752,5	75,75	486	60,7	58,8	9	28,5
15,14	189	753	75,8	486	60,7	58,9	9	28,5
15,15	189	753,5	75,85	486	60,8	58,9	9	29
15,16	189	754	75,9	487	60,8	59,0	9	29
15,17	189,5	754,5	75,95	487	60,9	59,0	9	29,5
15,18	189,5	755	76,0	487	60,9	59,0	9	29,5
15,19	189,5	755,5	76,05	488	60,9	59,1	9	30
15,20	189,5	756	76,1	488	61,0	59,1	9	30
15,21	190	756,5	76,15	488	61,0	59,2	9	30,5
15,22	190	757	76,2	488	61,1	59,2	9	30,5
15,23	190	757,5	76,25	489	61,1	59,2	9	31
15,24	190	758	76,3	489	61,1	59,3	9	31
15,25	190,5	758,5	76,35	489	61,2	59,3	9	31,5
15,26	190,5	759	76,4	490	61,2	59,4	9	31,5
15,27	190,5	759,5	76,5	490	61,3	59,4	9	32
15,28	190,5	759,5	76,55	491	61,3	59,5	9	32,5
15,29	191	760	76,6	491	61,4	59,5	9	32,5
15,30	191	760,5	76,65	491	61,4	59,5	9	33
15,31	191	761	76,7	492	61,5	59,6	9	33
15,32	191	761,5	76,75	492	61,5	59,6	9	33,5
15,33	191,5	762	76,8	492	61,5	59,7	9	33,5
15,34	191,5	762,5	76,85	493	61,6	59,7	9	34
15,35	191,5	763	76,9	493	61,6	59,7	9	34
15,36	191,5	763,5	76,95	493	61,7	59,8	9	34,5
15,37	191,5	764	77,0	494	61,7	59,8	9	34,5
15,38	192	764,5	77,05	494	61,7	59,9	9	35
15,39	192	765	77,1	494	61,8	59,9	9	35
15,40	192	765,5	77,15	495	61,8	59,9	9	35,5
15,41	192	766	77,2	495	61,9	60,0	9	35,5
15,42	192,5	766,5	77,25	495	61,9	60,0	9	36
15,43	192,5	767	77,3	496	61,9	60,1	9	36
15,44	192,5	767,5	77,35	496	62,0	60,1	9	36,5

Tafel 3
zur Entnahme der zu den Angaben des eichfähigen Getreideprobers zu 20 *l* zugehörigen Angaben anderer Proben
b) für Roggen.

Angaben des eichfähigen Getreideprobers zu 20 *l*	Zugehörige Angaben						
	des eichfähigen Getreideprobers zu		des Hektoliter- oder Scheffelgewichts	in englischem	in amerikanischem	in russischem	
	¼ *l*	1 *l*		Maß und Gewicht			
1.	2.	3.	4.	5.	6.	7.	8.
Kilogramm im 20 Liter	Gramm im ¼ Liter	Gramm im 1 Liter	Kilogramm im Hektoliter oder Pfund im Scheffel	Pfund englisch im Imp. Quarter	Pfund englisch im Bushel	Pfund englisch im amerik. Bushel	Pud	Pfund im Tschetwert
15,45	192,5	768	77,4	496	62,0	60,1	9	36,5
15,46	193	768,5	77,45	496	62,1	60,2	9	37
15,47	193	768,5	77,5	497	62,1	60,2	9	37
15,48	193	769	77,55	497	62,1	60,2	9	37,5
15,49	193	769,5	77,6	497	62,2	60,3	9	38
15,50	193,5	770	77,65	498	62,2	60,3	9	38
15,51	193,5	770,5	77,7	498	62,3	60,4	9	38,5
15,52	193,5	771	77,8	499	62,3	60,4	9	39
15,53	193,5	771,5	77,85	499	62,4	60,5	9	39
15,54	194	772	77,9	499	62,4	60,5	9	39,5
15,55	194	772,5	77,95	500	62,5	60,6	9	39,5
15,56	194	773	78,0	500	62,5	60,6	10	0
15,57	194	773,5	78,05	500	62,5	60,6	10	0
15,58	194,5	774	78,1	501	62,6	60,7	10	0,5
15,59	194,5	774,5	78,15	501	62,6	60,7	10	0,5
15,60	194,5	775	78,2	501	62,7	60,8	10	1
15,61	194,5	775,5	78,25	502	62,7	60,8	10	1
15,62	195	776	78,3	502	62,7	60,8	10	1,5
15,63	195	776,5	78,35	502	62,8	60,9	10	1,5
15,64	195	777	78,4	503	62,8	60,9	10	2
15,65	195	777,5	78,45	503	62,9	60,9	10	2
15,66	195	777,5	78,5	503	62,9	61,0	10	2,5
15,67	195,5	778	78,55	504	62,9	61,0	10	2,5
15,68	195,5	778,5	78,6	504	63,0	61,1	10	3
15,69	195,5	779	78,65	504	63,0	61,1	10	3
15,70	195,5	779,5	78,7	505	63,1	61,1	10	3,5
15,71	196	780	78,75	505	63,1	61,2	10	3,5
15,72	196	780,5	78,8	505	63,1	61,2	10	4
15,73	196	781	78,85	505	63,2	61,3	10	4
15,74	196	781,5	78,9	506	63,2	61,3	10	4,5
15,75	196,5	782	78,95	506	63,3	61,3	10	4,5
15,76	196,5	782,5	79,0	506	63,3	61,4	10	5
15,77	196,5	783	79,1	507	63,4	61,5	10	5,5
15,78	196,5	783,5	79,15	507	63,4	61,5	10	5,5
15,79	197	784	79,2	508	63,5	61,5	10	6
15,80	197	784,5	79,25	508	63,5	61,6	10	6
15,81	197	785	79,3	508	63,5	61,6	10	6,5
15,82	197	785,5	79,35	509	63,6	61,6	10	6,5
15,83	197,5	786	79,4	509	63,6	61,7	10	7
15,84	197,5	786	79,45	509	63,7	61,7	10	7

Tafel 3
zur Entnahme der zu den Angaben des **eichfähigen Getreideprobers** zu 20 *l* zugehörigen Angaben anderer Proben

b) für Roggen.

Angaben des eichfähigen Getreideprobers zu 20 *l*	des eichfähigen Getreideprobers zu		Zugehörige Angaben des Hektoliter- oder Scheffelgewichts	in englischem	in amerikanischem	in russischem	
	¼ *l*	1 *l*		Maß und Gewicht			
1.	2.	3.	4.	5.	6.	7.	8.
Kilogramm im 20 Liter	Gramm im ¼ Liter	Gramm im 1 Liter	Kilogramm im Hektoliter oder Pfund im Scheffel	Pfund englisch im Imp. Quarter	Pfund englisch im Bushel	Pfund englisch im amerik. Bushel	Pud | Pfund im Tschetwert
15,85	197,5	786,5	79,5	510	63,7	61,8	10 7,5
15,86	197,5	787	79,55	510	63,7	61,8	10 8
15,87	198	787,5	79,6	510	63,8	61,8	10 8
15,88	198	788	79,65	511	63,8	61,9	10 8,5
15,89	198	788,5	79,7	511	63,9	61,9	10 8,5
15,90	198	789	79,75	511	63,9	62,0	10 9
15,91	198	789,5	79,8	512	63,9	62,0	10 9
15,92	198,5	790	79,85	512	64,0	62,0	10 9,5
15,93	198,5	790,5	79,9	512	64,0	62,1	10 9,5
15,94	198,5	791	79,95	513	64,1	62,1	10 10

Tafel 3
zur Entnahme der zu den Angaben des eichfähigen Getreideprobers zu 20 *l* zugehörigen Angaben anderer Proben
c) für Hafer.

Angaben des eichfähigen Getreide= probers zu 20 *l*	des eichfähigen Getreideprobers zu ¼ *l*	des eichfähigen Getreideprobers zu 1 *l*	Zugehörige Angaben des Hektoliter= oder Scheffel= gewichts	in englischem	in amerika= nischem	in russischem		
				Maß und Gewicht				
1.	2.	3.	4.	5.	6.	7.	8.	
Kilo= gramm im 20 Liter	Gramm im ¼ Liter	Gramm im 1 Liter	Kilo= gramm im Hekto= liter oder Pfund im Scheffel	Pfund englisch im Imp. Quarter	Pfund englisch im Bushel	Pfund englisch im amerik. Bushel	Pud im Tschetwert	Pfund
8,00	101	406,5	39,45	253	31,6	30,6	5	2
8,01	101	407	39,5	253	31,7	30,7	5	2,5
8,02	101	407,5	39,55	254	31,7	30,7	5	2,5
8,03	101	408	39,6	254	31,7	30,8	5	3,0
8,04	101,5	408,5	39,65	254	31,8	30,8	5	3,0
8,05	101,5	409	39,7	254	31,8	30,8	5	3,5
8,06	101,5	409,5	39,8	255	31,9	30,9	5	4
8,07	101,5	410	39,85	255	31,9	31,0	5	4,5
8,08	102	410,5	39,9	256	32,0	31,0	5	4,5
8,09	102	411	39,95	256	32,0	31,0	5	5
8,10	102	411,5	40,0	256	32,1	31,1	5	5
8,11	102	412	40,05	257	32,1	31,1	5	5,5
8,12	102,5	412,5	40,1	257	32,1	31,2	5	5,5
8,13	102,5	413	40,15	257	32,2	31,2	5	6
8,14	102,5	413,5	40,2	258	32,2	31,2	5	6
8,15	102,5	414	40,25	258	32,3	31,3	5	6,5
8,16	103	414,5	40,3	258	32,3	31,3	5	6,5
8,17	103	415	40,35	259	32,3	31,3	5	7
8,18	103	415,5	40,4	259	32,4	31,4	5	7
8,19	103	415,5	40,45	259	32,4	31,4	5	7,5
8,20	103,5	416	40,5	260	32,5	31,5	5	7,5
8,21	103,5	416,5	40,55	260	32,5	31,5	5	8
8,22	103,5	417	40,6	260	32,5	31,5	5	8
8,23	103,5	417,5	40,65	261	32,6	31,6	5	8,5
8,24	104	418	40,7	261	32,6	31,6	5	8,5
8,25	104	418,5	40,75	261	32,7	31,7	5	9
8,26	104	419	40,8	262	32,7	31,7	5	9
8,27	104	419,5	40,85	262	32,7	31,7	5	9,5
8,28	104,5	420	40,9	262	32,8	31,8	5	9,5
8,29	104,5	420,5	40,95	263	32,8	31,8	5	10
8,30	104,5	421	41,0	263	32,9	31,9	5	10
8,31	104,5	421,5	41,05	263	32,9	31,9	5	10,5
8,32	104,5	422	41,1	263	32,9	31,9	5	10,5
8,33	105	422,5	41,15	264	33,0	32,0	5	11
8,34	105	423	41,2	264	33,0	32,0	5	11
8,35	105	423,5	41,25	264	33,1	32,0	5	11,5
8,36	105	424	41,3	265	33,1	32,1	5	11,5
8,37	105,5	424,5	41,35	265	33,1	32,1	5	12
8,38	105,5	425	41,4	265	33,2	32,2	5	12
8,39	105,5	425,5	41,45	266	33,2	32,2	5	12,5

Tafel 3

zur Entnahme der zu den Angaben des **eichfähigen Getreideprobers** zu 20 *l* zugehörigen Angaben anderer Proben

c) für Hafer.

Angaben des eichfähigen Getreideprobers zu 20 *l*	Zugehörige Angaben						
	des eichfähigen Getreideprobers zu		des Hektoliter= oder Scheffel= gewichts	in englischem	in amerika= nischem	in russischem
	¼ *l*	1 *l*		Maß und Gewicht			
1.	2.	3.	4.	5.	6.	7.	8.
Kilo= gramm im 20 Liter	Gramm im ¼ Liter	Gramm im 1 Liter	Kilo= gramm im Hekto= liter oder Pfund im Scheffel	Pfund englisch im Imp. Quarter	Pfund englisch im Bushel	Pfund englisch im amerik. Bushel	Pud im Tschetwert	Pfund im Tschetwert
8,40	105,5	426	41,5	266	33,3	32,2	5	12,5
8,41	106	426,5	41,55	266	33,3	32,3	5	13
8,42	106	427	41,6	267	33,3	32,3	5	13
8,43	106	427,5	41,65	267	33,4	32,4	5	13,5
8,44	106	428	41,7	267	33,4	32,4	5	13,5
8,45	106,5	428,5	41,75	268	33,5	32,4	5	14
8,46	106,5	429	41,8	268	33,5	32,5	5	14,5
8,47	106,5	429,5	41,85	268	33,5	32,5	5	14,5
8,48	106,5	430	41,9	269	33,6	32,6	5	15
8,49	107	430	41,95	269	33,6	32,6	5	15
8,50	107	430,5	42,0	269	33,7	32,6	5	15,5
8,51	107	431	42,05	270	33,7	32,7	5	15,5
8,52	107	431,5	42,1	270	33,7	32,7	5	16
8,53	107,5	432	42,15	270	33,8	32,7	5	16
8,54	107,5	432,5	42,2	271	33,8	32,8	5	16,5
8,55	107,5	433	42,25	271	33,9	32,8	5	16,5
8,56	107,5	433,5	42,35	271	33,9	32,9	5	17
8,57	108	434	42,4	272	34,0	32,9	5	17,5
8,58	108	434,5	42,45	272	34,0	33,0	5	17,5
8,59	108	435	42,5	272	34,1	33,0	5	18
8,60	108	435,5	42,55	273	34,1	33,1	5	18
8,61	108,5	436	42,6	273	34,1	33,1	5	18,5
8,62	108,5	436,5	42,65	273	34,2	33,1	5	18,5
8,63	108,5	437	42,7	274	34,2	33,2	5	19
8,64	108,5	437,5	42,75	274	34,3	33,2	5	19
8,65	109	438	42,8	274	34,3	33,3	5	19,5
8,66	109	438,5	42,85	275	34,3	33,3	5	19,5
8,67	109	439	42,9	275	34,4	33,3	5	20
8,68	109	439,5	42,95	275	34,4	33,4	5	20
8,69	109,5	440	43,0	276	34,5	33,4	5	20,5
8,70	109,5	440,5	43,05	276	34,5	33,4	5	20,5
8,71	109,5	441	43,1	276	34,5	33,5	5	21
8,72	109,5	441,5	43,15	277	34,6	33,5	5	21
8,73	110	442	43,2	277	34,6	33,6	5	21,5
8,74	110	442,5	43,25	277	34,7	33,6	5	21,5
8,75	110	443	43,3	278	34,7	33,6	5	22
8,76	110	443,5	43,35	278	34,7	33,7	5	22
8,77	110	444	43,4	278	34,8	33,7	5	22,5
8,78	110,5	444,5	43,45	279	34,8	33,8	5	22,5
8,79	110,5	444,5	43,5	279	34,9	33,8	5	23

Tafel 3
zur Entnahme der zu den Angaben des eichfähigen Getreideprobers zu 20 *l* zugehörigen Angaben anderer Proben
c) für Hafer.

Angaben des eichfähigen Getreide= probers zu 20 *l*	des eichfähigen Getreideprobers zu ¼ *l*		Zugehörige Angaben				
		1 *l*	des Hektoliter- oder Scheffel= gewichts	in englischem	in amerika= nischem	in russischem	
				Maß und Gewicht			
1.	2.	3.	4.	5.	6.	7.	8.
Kilo= gramm im 20 Liter	Gramm im ¼ Liter	Gramm im 1 Liter	Kilo= gramm im Hekto= liter oder Pfund im Scheffel	Pfund englisch im Imp. Quarter	Pfund englisch im Bushel	Pfund englisch im amerik. Bushel	Pud im Tschetwert / Pfund im Tschetwert
8,80	110,5	445	43,55	279	34,9	33,8	5	23
8,81	110,5	445,5	43,6	279	34,9	33,9	5	23,5
8,82	111	446	43,65	280	35,0	33,9	5	23,5
8,83	111	446,5	43,7	280	35,0	34,0	5	24
8,84	111	447	43,75	280	35,1	34,0	5	24,5
8,85	111	447,5	43,8	281	35,1	34,0	5	24,5
8,86	111,5	448	43,85	281	35,1	34,1	5	25
8,87	111,5	448,5	43,9	281	35,2	34,1	5	25
8,88	111,5	449	43,95	282	35,2	34,1	5	25,5
8,89	111,5	449,5	44,0	282	35,3	34,2	5	25,5
8,90	112	450	44,05	282	35,3	34,2	5	26
8,91	112	450,5	44,1	283	35,3	34,3	5	26
8,92	112	451	44,15	283	35,4	34,3	5	26,5
8,93	112	451,5	44,2	283	35,4	34,3	5	26,5
8,94	112,5	452	44,25	284	35,5	34,4	5	27
8,95	112,5	452,5	44,3	284	35,5	34,4	5	27
8,96	112,5	453	44,35	284	35,5	34,5	5	27,5
8,97	112,5	453,5	44,4	285	35,6	34,5	5	27,5
8,98	113	454	44,45	285	35,6	34,5	5	28
8,99	113	454,5	44,5	285	35,7	34,6	5	28
9,00	113	455	44,55	286	35,7	34,6	5	28,5
9,01	113	455,5	44,6	286	35,7	34,6	5	28,5
9,02	113,5	456	44,65	286	35,8	34,7	5	29
9,03	113,5	456,5	44,7	287	35,8	34,7	5	29
9,04	113,5	457	44,75	287	35,9	34,8	5	29,5
9,05	113,5	457,5	44,8	287	35,9	34,8	5	29,5
9,06	114	458	44,9	288	36,0	34,9	5	30
9,07	114	458,5	44,95	288	36,0	34,9	5	30,5
9,08	114	459	45,0	288	36,1	35,0	5	30,5
9,09	114	459,5	45,05	289	36,1	35,0	5	31
9,10	114,5	459,5	45,1	289	36,1	35,0	5	31
9,11	114,5	460	45,15	289	36,2	35,1	5	31,5
9,12	114,5	460,5	45,2	290	36,2	35,1	5	31,5
9,13	114,5	461	45,25	290	36,3	35,2	5	32
9,14	115	461,5	45,3	290	36,3	35,2	5	32
9,15	115	462	45,35	291	36,3	35,2	5	32,5
9,16	115	462,5	45,4	291	36,4	35,3	5	32,5
9,17	115	463	45,45	291	36,4	35,3	5	33
9,18	115	463,5	45,5	292	36,5	35,3	5	33
9,19	115,5	464	45,55	292	36,5	35,4	5	33,5

Tafel 3

zur Entnahme der zu den Angaben des **eichfähigen Getreideprobers zu 20 l** zugehörigen Angaben anderer Proben

c) für Hafer.

Angaben des eichfähigen Getreide- probers zu 20 l	des eichfähigen Getreideprobers zu		Zugehörige Angaben				
	¼ l	1 l	des Hektoliter- oder Scheffel- gewichts	in englischem	in amerika- nischem		in russischem
					Maß und Gewicht		
1.	2.	3.	4.	5.	6.	7.	8.
Kilo- gramm im 20 Liter	Gramm im ¼ Liter	Gramm im 1 Liter	Kilo- gramm im Hekto- liter oder Pfund im Scheffel	Pfund englisch im Imp. Quarter	Pfund englisch im Bushel	Pfund englisch im amerik. Bushel	Pud	Pfund im Tschetwert
9,20	115,5	464,5	45,6	292	36,5	35,4	5	33,5
9,21	115,5	465	45,65	293	36,6	35,5	5	34
9,22	115,5	465,5	45,7	293	36,6	35,5	5	34
9,23	116	466	45,75	293	36,7	33,5	5	34,5
9,24	116	466,5	45,8	294	36,7	35,6	5	35
9,25	116	467	45,85	294	36,7	35,6	5	35
9,26	116	467,5	45,9	294	36,8	35,7	5	35,5
9,27	116,5	468	45,95	295	36,8	35,7	5	35,5
9,28	116,5	468,5	46,0	295	36,9	35,7	5	36
9,29	116,5	469	46,05	295	36,9	35,8	5	36
9,30	116,5	469,5	46,1	296	36,9	35,8	5	36,5
9,31	117	470	46,15	296	37,0	35,9	5	36,5
9,32	117	470,5	46,2	296	37,0	35,9	5	37
9,33	117	471	46,25	296	37,1	35,9	5	37
9,34	117	471,5	46,3	297	37,1	36,0	5	37,5
9,35	117,5	472	46,35	297	37,1	36,0	5	37,5
9,36	117,5	472,5	46,4	297	37,2	36,0	5	38
9,37	117,5	473	46,45	298	37,2	36,1	5	38
9,38	117,5	473,5	46,5	298	37,3	36,1	5	38,5
9,39	118	474	46,55	298	37,3	36,2	5	38,5
9,40	118	474	46,6	299	37,3	36,2	5	39
9,41	118	474,5	46,65	299	37,4	35,2	5	39
9,42	118	475	46,7	299	37,4	36,3	5	39,5
9,43	118,5	475,5	46,75	300	37,5	36,3	5	39,5
9,44	118,5	476	46,8	300	37,5	36,4	6	0
9,45	118,5	476,5	46,85	300	37,5	36,4	6	0
9,46	118,5	477	46,9	301	37,6	36,4	6	0,5
9,47	119	477,5	46,95	301	37,6	36,5	6	0,5
9,48	119	478	47,0	301	37,7	36,5	6	1
9,49	119	478,5	47,05	302	37,7	36,6	6	1
9,50	119	479	47,1	302	37,7	36,6	6	1,5
9,51	119,5	479,5	47,15	302	37,8	36,6	6	1,5
9,52	119,5	480	47,2	303	37,8	36,7	6	2
9,53	119,5	480,5	47,25	303	37,9	36,7	6	2
9,54	119,5	481	47,3	303	37,9	36,7	6	2,5
9,55	120	481,5	47,35	304	37,9	36,8	6	2,5
9,56	120	482	47,45	304	38,0	36,9	6	3
9,57	120	482,5	47,5	304	38,1	36,9	6	3,5
9,58	120	483	47,55	305	38,1	36,9	6	3,5
9,59	120,5	483,5	47,6	305	38,1	37,0	6	4

Tafel 3

zur Entnahme der zu den Angaben des **eichfähigen Getreideprobers zu 20 l** zugehörigen Angaben anderer Proben

c) für Hafer.

Angaben des eichfähigen Getreideprobers zu 20 l	des eichfähigen Getreideprobers zu		Zugehörige Angaben				
			des Hektoliter- oder Scheffel- gewichts	in englischem	in amerika- nischem	in russischem	
	¼ l	1 l		Maß und Gewicht			
1.	2.	3.	4.	5.	6.	7.	8.
Kilo- gramm im 20 Liter	Gramm im ¼ Liter	Gramm im 1 Liter	Kilo- gramm im Hekto- liter oder Pfund im Scheffel	Pfund englisch im Imp. Quarter	Pfund englisch im Bushel	Pfund englisch im amerik. Bushel	Pud im Tschetwert / Pfund
9,60	120,5	484	47,65	305	38,2	37,0	6 / 4
9,61	120,5	484,5	47,7	306	38,2	37,1	6 / 4,5
9,62	120,5	485	47,75	306	38,3	37,1	6 / 5
9,63	120,5	485,5	47,8	306	38,3	37,1	6 / 5
9,64	121	486	47,85	307	38,3	37,2	6 / 5,5
9,65	121	486,5	47,9	307	38,4	37,2	6 / 5,5
9,66	121	487	47,95	307	38,4	37,3	6 / 6
9,67	121	487,5	48,0	308	38,5	37,3	6 / 6
9,68	121,5	488	48,05	308	38,5	37,3	6 / 6,5
9,69	121,5	488,5	48,1	308	38,5	37,4	6 / 6,5
9,70	121,5	488,5	48,15	309	38,6	37,4	6 / 7
9,71	121,5	489	48,2	309	38,6	37,4	6 / 7
9,72	122	489,5	48,25	309	38,7	37,5	6 / 7,5
9,73	122	490	48,3	310	38,7	37,5	6 / 7,5
9,74	122	490,5	48,35	310	38,7	37,6	6 / 8
9,75	122	491	48,4	310	38,8	37,6	6 / 8
9,76	122,5	491,5	48,45	311	38,8	37,6	6 / 8,5
9,77	122,5	492	48,5	311	38,9	37,7	6 / 8,5
9,78	122,5	492,5	48,55	311	38,9	37,7	6 / 9
9,79	122,5	493	48,6	312	38,9	37,8	6 / 9
9,80	123	493,5	48,65	312	39,0	37,8	6 / 9,5
9,81	123	494	48,7	312	39,0	37,8	6 / 9,5
9,82	123	494,5	48,75	313	39,1	37,9	6 / 10
9,83	123	495	48,8	313	39,1	37,9	6 / 10
9,84	123,5	495,5	48,85	313	39,1	38,0	6 / 10,5
9,85	123,5	496	48,9	313	39,2	38,0	6 / 10,5
9,86	123,5	496,5	48,95	314	39,2	38,0	6 / 11
9,87	123,5	497	49,0	314	39,3	38,1	6 / 11
9,88	124	497,5	49,05	314	39,3	38,1	6 / 11,5
9,89	124	498	49,1	315	39,3	38,1	6 / 11,5
9,90	124	498,5	49,15	315	39,4	38,2	6 / 12
9,91	124	499	49,2	315	39,4	38,2	6 / 12
9,92	124,5	499,5	49,25	316	39,5	38,3	6 / 12,5
9,93	124,5	500	49,3	316	39,5	38,3	6 / 12,5
9,94	124,5	500,5	49,35	316	39,5	38,3	6 / 13
9,95	124,5	501	49,4	317	39,6	38,4	6 / 13
9,96	125	501,5	49,45	317	39,6	38,4	6 / 13,5
9,97	125	502	49,5	317	39,7	38,5	6 / 13,5
9,98	125	502,5	49,55	318	39,7	38,5	6 / 14
9,99	125	503	49,6	318	39,7	38,5	6 / 14

Tafel 3

zur Entnahme der zu den Angaben des eichfähigen Getreideprobers zu 20 *l* zugehörigen Angaben anderer Proben

c) für Hafer.

Angaben des eichfähigen Getreideprobers zu 20 *l*	Zugehörige Angaben						
	des eichfähigen Getreideprobers zu		des Hektoliter- oder Scheffel- gewichts	in englischem	in amerika- nischem	in russischem	
	¼ *l*	1 *l*		Maß und Gewicht			
1.	2.	3.	4.	5.	6.	7.	8.
Kilo- gramm im 20 Liter	Gramm im ¼ Liter	Gramm im 1 Liter	Kilo- gramm im Hekto- liter oder Pfund im Scheffel	Pfund englisch im Imp. Quarter	Pfund englisch im Bushel	Pfund englisch im amerik. Bushel	Pud / Pfund im Tschetwert
10,00	125,5	503	49,65	318	39,8	38,6	6 / 14,5
10,01	125,5	503,5	49,7	319	39,8	38,6	6 / 15
10,02	125,5	504	49,75	319	39,9	38,7	6 / 15
10,03	125,5	504,5	49,8	319	39,9	38,7	6 / 15,5
10,04	126	505	49,85	320	39,9	38,7	6 / 15,5
10,05	126	505,5	49,95	320	40,0	38,8	6 / 16
10,06	126	506	50,0	321	40,1	38,8	6 / 16,5
10,07	126	506,5	50,05	321	40,1	38,9	6 / 16,5
10,08	126	507	50,1	321	40,1	38,9	6 / 17
10,09	126,5	507,5	50,15	321	40,2	39,0	6 / 17
10,10	126,5	508	50,2	322	40,2	39,0	6 / 17,5
10,11	126,5	508,5	50,25	322	40,3	39,0	6 / 17,5
10,12	126,5	509	50,3	322	40,3	39,1	6 / 18
10,13	127	509,5	50,35	323	40,3	39,1	6 / 18
10,14	127	510	50,4	323	40,4	39,2	6 / 18,5
10,15	127	510,5	50,45	323	40,4	39,2	6 / 18,5
10,16	127	511	50,5	324	40,5	39,2	6 / 19
10,17	127,5	511,5	50,55	324	40,5	39,3	6 / 19
10,18	127,5	512	50,6	324	40,5	39,3	6 / 19,5
10,19	127,5	512,5	50,65	325	40,6	39,3	6 / 19,5
10,20	127,5	513	50,7	325	40,6	39,4	6 / 20
10,21	128	513,5	50,75	325	40,7	39,4	6 / 20
10,22	128	514	50,8	326	40,7	39,5	6 / 20,5
10,23	128	514,5	50,85	326	40,7	39,5	6 / 20,5
10,24	128	515	50,9	326	40,8	39,5	6 / 21
10,25	128,5	515,5	50,95	327	40,8	39,6	6 / 21
10,26	128,5	516	51,0	327	40,9	39,6	6 / 21,5
10,27	128,5	516,5	51,05	327	40,9	39,7	6 / 21,5
10,28	128,5	517	51,1	328	40,9	39,7	6 / 22
10,29	129	517,5	51,15	328	41,0	39,7	6 / 22
10,30	129	517,5	51,2	328	41,0	39,8	6 / 22,5
10,31	129	518	51,25	329	41,1	39,8	6 / 22,5
10,32	129	518,5	51,3	329	41,1	39,9	6 / 23
10,33	129,5	519	51,35	329	41,2	39,9	6 / 23
10,34	129,5	519,5	51,4	329	41,2	39,9	6 / 23,5
10,35	129,5	520	51,45	330	41,2	40,0	6 / 23,5
10,36	129,5	520,5	51,5	330	41,3	40,0	6 / 24
10,37	130	521	51,55	330	41,3	40,0	6 / 24
10,38	130	521,5	51,6	331	41,4	40,1	6 / 24,5
10,39	130	522	51,65	331	41,4	40,1	6 / 24,5

Tafel 3
zur Entnahme der zu den Angaben des eichfähigen Getreideprobers zu 20 *l* zugehörigen Angaben anderer Proben
c) für Hafer.

Angaben des eichfähigen Getreideprobers zu 20 *l*	des eichfähigen Getreideprobers zu ¼ *l*	1 *l*	Zugehörige Angaben des Hektoliter oder Scheffelgewichts	in englischem	in amerikanischem	in russischem
				Maß und Gewicht		
1.	2.	3.	4.	5.	6.	7.	8.

Kilogramm im 20 Liter	Gramm im ¼ Liter	Gramm im 1 Liter	Kilogramm im Hektoliter oder Pfund im Scheffel	Pfund englisch im Imp. Quarter	Pfund englisch im Bushel	Pfund englisch im amerik. Bushel	Pud im Tschetwert	Pfund
10,40	130	522,5	51,7	331	41,4	40,2	6	25
10,41	130,5	523	51,75	332	41,5	40,2	6	25,5
10,42	130,5	523 5	51,8	332	41,5	40,2	6	25,5
10,43	130,5	524	51,85	332	41,6	40,3	6	26
10,44	130,5	524,5	51,9	333	41,6	40,3	6	26
10,45	131	525	51,95	333	41,6	40,4	6	26,5
10,46	131	525,5	52,0	333	41,7	40,4	6	26,5
10,47	131	526	52,05	334	41,7	40,4	6	27
10,48	131	526,5	52,1	334	41,8	40,5	6	27
10,49	131	527	52,15	334	41,8	40,5	6	27,5
10,50	131,5	527,5	52,2	335	41,8	40,6	6	27,5
10,51	131,5	528	52,25	335	41,9	40,6	6	28
10,52	131,5	528,5	52,3	335	41,9	40,6	6	28
10,53	131,5	529	52,35	336	42,0	40,7	6	28,5
10,54	132	529,5	52,4	336	42,0	40,7	6	28,5
10,55	132	530	52,5	337	42,1	40,8	6	29
10,56	132	530,5	52,55	337	42,1	40,8	6	29,5
10,57	132	531	52,6	337	42,2	40,9	6	29,5
10,58	132,5	531,5	52,65	338	42,2	40,9	6	30
10,59	132,5	532	52,7	338	42,2	40,9	6	30
10,60	132,5	532,5	52,75	338	42,3	41,0	6	30,5
10,61	132,5	532,5	52,8	338	42,3	41,0	6	30,5
10,62	133	533	52,85	339	42,4	41,1	6	31
10,63	133	533 5	52,9	339	42,4	41,1	6	31
10,64	133	534	52,95	339	42,4	41,1	6	31,5
10,65	133	534,5	53,0	340	42,5	41,2	6	31,5
10,66	133 5	535	53,05	340	42,5	41,2	6	32
10,67	133 5	535,5	53,1	340	42,6	41,3	6	32
10,68	133 5	536	53,15	341	42,6	41,3	6	32,5
10,69	133 5	536,5	53,2	341	42,6	41,3	6	32,5
10,70	134	537	53,25	341	42,7	41,4	6	33
10,71	134	537,5	53,3	342	42,7	41,4	6	33
10,72	134	538	53,35	342	42,8	41,4	6	33,5
10,73	134	538,5	53,4	342	42,8	41,5	6	33,5
10,74	134,5	539	53,45	343	42,8	41,5	6	34
10,75	134,5	539,5	53,5	343	42,9	41,6	6	34
10,76	134,5	540	53,55	343	42,9	41,6	6	34,5
10,77	134,5	540,5	53,6	344	43,0	41,6	6	34,5
10,78	135	541	53,65	344	43,0	41,7	6	35
10,79	135	541,5	53,7	344	43,0	41,7	6	35,5

Tafel 3
zur Entnahme der zu den Angaben des eichfähigen Getreideprobers
zu 20 *l* zugehörigen Angaben anderer Proben
c) für Hafer.

Angaben des eichfähigen Getreide= probers zu 20 *l*	des eichfähigen Getreideprobers zu ¼ *l*	des eichfähigen Getreideprobers zu 1 *l*	Zugehörige Angaben des Hektoliter= oder Scheffel= gewichts	in englischem	in amerika= nischem Maß und Gewicht		in russischem
1.	2.	3.	4.	5.	6.	7.	8.
Kilo= gramm im 20 Liter	Gramm im ¼ Liter	Gramm im 1 Liter	Kilo= gramm im Hekto= liter oder Pfund im Scheffel	Pfund englisch im Imp. Quarter	Pfund englisch im Bushel	Pfund englisch im amerik. Bushel	Pud	Pfund im Tschetwert
10,80	135	542	53,75	345	43,1	41,8	6	35,5
10,81	135	542,5	53,8	345	43,1	41,8	6	36
10,82	135,5	543	53,85	345	43,2	41,8	6	36
10,83	135,5	543,5	53,9	346	43,2	41,9	6	36,5
10,84	135,5	544	53,95	346	43,2	41,9	6	36,5
10,85	135,5	544,5	54,0	346	43,3	42,0	6	37
10,86	136	545	54,05	346	43,3	42,0	6	37
10,87	136	545,5	54,1	347	43,4	42,0	6	37,5
10,88	136	546	54,15	347	43,4	42,1	6	37,5
10,89	136	546,5	54,2	347	43,4	42,1	6	38
10,90	136,5	547	54,25	348	43,5	42,1	6	38
10,91	136,5	547	54,3	348	43,5	42,2	6	38,5
10,92	136,5	547,5	54,35	348	43,6	42,2	6	38,5
10,93	136,5	548	54,4	349	43,6	42,3	6	39
10,94	136,5	548,5	54,45	349	43,6	42,3	6	39
10,95	137	549	54,5	349	43,7	42,3	6	39,5
10,96	137	549,5	54,55	350	43,7	42,4	6	39,5
10,97	137	550	54,6	350	43,8	42,4	7	0
10,98	137	550,5	54,65	350	43,8	42,5	7	0
10,99	137,5	551	54,7	351	43,8	42,5	7	0,5
11,00	137,5	551,5	54,75	351	43,9	42,5	7	0,5
11,01	137,5	552	54,8	351	43,9	42,6	7	1
11,02	137,5	552,5	54,85	352	44,0	42,6	7	1
11,03	138	553	54,9	352	44,0	42,7	7	1,5
11,04	138	553,5	54,95	352	44,0	42,7	7	1,5
11,05	138	554	55,05	353	44,1	42,8	7	2
11,06	138	554,5	55,1	353	44,2	42,8	7	2,5
11,07	138,5	555	55,15	354	44,2	42,8	7	2,5
11,08	138,5	555,5	55,2	354	44,2	42,9	7	3
11,09	138,5	556	55,25	354	44,3	42,9	7	3
11,10	138,5	556,5	55,3	355	44,3	43,0	7	3,5
11,11	139	557	55,35	355	44,4	43,0	7	3,5
11,12	139	557,5	55,4	355	44,4	43,0	7	4
11,13	139	558	55,45	355	44,4	43,1	7	4
11,14	139	558,5	55,5	356	44,5	43,1	7	4,5
11,15	139,5	559	55,55	356	44,5	43,2	7	4,5
11,16	139,5	559,5	55,6	356	44,6	43,2	7	5
11,17	139,5	560	55,65	357	44,6	43,2	7	5
11,18	139,5	560,5	55,7	357	44,6	43,3	7	5,5
11,19	140	561	55,75	357	44,7	43,3	7	6

Tafel 3
zur Entnahme der zu den Angaben des **eichfähigen Getreideprobers** zu 20 *l* zugehörigen Angaben anderer Proben
c) für Hafer.

Angaben des eichfähigen Getreideprobers zu 20 *l*	des eichfähigen Getreideprobers zu		Zugehörige Angaben				
	¼ *l*	1 *l*	des Hektoliter= oder Scheffelgewichts	in englischem	in amerikanischem		in russischem
				Maß und Gewicht			
1.	2.	3.	4.	5.	6.	7.	8.
Kilogramm im 20 Liter	Gramm im ¼ Liter	Gramm im 1 Liter	Kilogramm im Hektoliter oder Pfund im Scheffel	Pfund englisch im Imp. Quarter	Pfund englisch im Bushel	Pfund englisch im amerik. Bushel	Pud im Tschetwert	Pfund im Tschetwert
11,20	140	561,5	55,8	358	44,7	43,4	7	6
11,21	140	561,5	55,85	358	44,8	43,4	7	6,5
11,22	140	562	55,9	358	44,8	43,4	7	6,5
11,23	140,5	562,5	55,95	359	44,8	43,5	7	7
11,24	140,5	563	56,0	359	44,9	43,5	7	7
11,25	140,5	563,5	56,05	359	44,9	43,5	7	7,5
11,26	140,5	564	56,1	360	45,0	43,6	7	7,5
11,27	141	564,5	56,15	360	45,0	43,6	7	8
11,28	141	565	56,2	360	45,0	43,7	7	8
11,29	141	565,5	56,25	361	45,1	43,7	7	8,5
11,30	141	566	56,3	361	45,1	43,7	7	8,5
11,31	141,5	566,5	56,35	361	45,2	43,8	7	9
11,32	141,5	567	56,4	362	45,2	43,8	7	9
11,33	141,5	567,5	56,45	362	45,2	43,9	7	9,5
11,34	141,5	568	56,5	362	45,3	43,9	7	9,5
11,35	141,5	568,5	56,55	363	45,3	43,9	7	10
11,36	142	569	56,6	363	45,4	44,0	7	10
11,37	142	569,5	56,65	363	45,4	44,0	7	10,5
11,38	142	570	56,7	363	45,4	44,0	7	10,5
11,39	142	570,5	56,75	364	45,5	44,1	7	11
11,40	142,5	571	56,8	364	45,5	44,1	7	11
11,41	142,5	571,5	56,85	364	45,6	44,2	7	11,5
11,42	142,5	572	56,9	365	45,6	44,2	7	11,5
11,43	142,5	572,5	56,95	365	45,6	44,2	7	12
11,44	143	573	57,0	365	45,7	44,3	7	12
11,45	143	573,5	57,05	366	45,7	44,3	7	12,5
11,46	143	574	57,1	366	45,8	44,4	7	12,5
11,47	143	574,5	57,15	366	45,8	44,4	7	13
11,48	143,5	575	57,2	367	45,8	44,4	7	13
11,49	143,5	575,5	57,25	367	45,9	44,5	7	13,5
11,50	143,5	576	57,3	367	45,9	44,5	7	13,5
11,51	143,5	576	57,35	368	46,0	44,6	7	14
11,52	144	576,5	57,4	368	46,0	44,6	7	14
11,53	144	577	57,45	368	46,0	44,6	7	14,5
11,54	144	577,5	57,5	369	46,1	44,7	7	14,5
11,55	144	578	57,6	369	46,2	44,7	7	15
11,56	144,5	578,5	57,65	370	46,2	44,8	7	15,5
11,57	144,5	579	57,7	370	46,2	44,8	7	16
11,58	144,5	579,5	57,75	370	46,3	44,9	7	16
11,59	144,5	580	57,8	371	46,3	44,9	7	16,5

Tafel 8
zur Entnahme der zu den Angaben des eichfähigen Getreideprobers zu 20 *l* zugehörigen Angaben anderer Proben
c) für Hafer.

Angaben des eichfähigen Getreide- probers zu 20 *l*	des eichfähigen Getreideprobers zu		Zugehörige Angaben				
			des Hektoliter- oder Scheffel- gewichts	in englischem	in amerika- nischem		in russischem
	¼ *l*	1 *l*		Maß und Gewicht			
1.	2.	3.	4.	5.	6.	7.	8.
Kilo- gramm im 20 Liter	Gramm im ¼ Liter	Gramm im 1 Liter	Kilo- gramm im Hekto- liter oder Pfund im Scheffel	Pfund englisch im Imp. Quarter	Pfund englisch im Bushel	Pfund englisch im amerik. Bushel	Pud im Tschetwert	Pfund
11,60	145	580,5	57,85	371	46,4	44,9	7	16,5
11,61	145	581	57,9	371	46,4	45,0	7	17
11,62	145	581,5	57,95	371	46,4	45,0	7	17
11,63	145	582	58,0	372	46,5	45,1	7	17,5
11,64	145,5	582,5	58,05	372	46,5	45,1	7	17,5
11,65	145,5	583	58,1	372	46,6	45,1	7	18
11,66	145,5	583,5	58,15	373	46,6	45,2	7	18
11,67	145,5	584	58,2	373	46,6	45,2	7	18,5
11,68	146	584,5	58,25	373	46,7	45,3	7	18,5
11,69	146	585	58,3	374	46,7	45,3	7	19
11,70	146	585,5	58,35	374	46,8	45,3	7	19
11,71	146	586	58,4	374	46,8	45,4	7	19,5
11,72	146,5	586,5	58,45	375	46,8	45,4	7	19,5
11,73	146,5	587	58,5	375	46,9	45,4	7	20
11,74	146,5	587,5	58,55	375	46,9	45,5	7	20
11,75	146,5	588	58,6	376	47,0	45,5	7	20,5
11,76	147	588,5	58,65	376	47,0	45,6	7	20,5
11,77	147	589	58,7	376	47,0	45,6	7	21
11,78	147	589,5	58,75	377	47,1	45,6	7	21
11,79	147	590	58,8	377	47,1	45,7	7	21,5
11,80	147	590,5	58,85	377	47,2	45,7	7	21,5
11,81	147,5	590,5	58,9	378	47,2	45,8	7	22
11,82	147,5	591	58,95	378	47,2	45,8	7	22
11,83	147,5	591,5	59,0	378	47,3	45,8	7	22,5
11,84	147,5	592	59,05	379	47,3	45,9	7	22,5
11,85	148	592,5	59,1	379	47,4	45,9	7	23
11,86	148	593	59,15	379	47,4	46,0	7	23
11,87	148	593,5	59,2	380	47,4	46,0	7	23,5
11,88	148	594	59,25	380	47,5	46,0	7	23,5
11,89	148,5	594,5	59,3	380	47,5	46,1	7	24
11,90	148,5	595	59,35	380	47,6	46,1	7	24
11,91	148,5	595,5	59,4	381	47,6	46,1	7	24,5
11,92	148,5	596	59,45	381	47,6	46,2	7	24,5
11,93	149	596,5	59,5	381	47,7	46,2	7	25
11,94	149	597	59,55	382	47,7	46,3	7	25
11,95	149	597,5	59,6	382	47,8	46,3	7	25,5
11,96	149	598	59,65	382	47,8	46,3	7	26
11,97	149,5	598,5	59,7	383	47,8	46,4	7	26
11,98	149,5	599	59,75	383	47,9	46,4	7	26,5
11,99	149,5	599,5	59,8	383	47,9	46,5	7	26,5
12,00	149,5	600	59,85	384	48,0	46,5	7	27

Tafel 3

zur Entnahme der zu den Angaben des eichfähigen Getreideprobers zu 20 *l* zugehörigen Angaben anderer Proben

d) für Gerste.

Angaben des eichfähigen Getreideprobers zu 20 *l*	des eichfähigen Getreideprobers zu ¼ *l*	des eichfähigen Getreideprobers zu 1 *l*	Zugehörige Angaben des Hektoliter- oder Scheffelgewichts	in englischem Maß und Gewicht	in amerikanischem Maß und Gewicht		in russischem
1.	2.	3.	4.	5.	6.	7.	8.
Kilogramm im 20 Liter	Gramm im ¼ Liter	Gramm im 1 Liter	Kilogramm in Hektoliter oder Pfund im Scheffel	Pfund englisch im Imp. Quarter	Pfund englisch im Bushel	Pfund englisch im amerik. Bushel	Pud im / Pfund / Tschetwert
10,00	126	504	49,65	318	39,8	38,6	6	14,5
10,01	126	504,5	49,7	319	39,8	38,6	6	15
10,02	126	505	49,75	319	39,9	38,7	6	15
10,03	126,5	505,5	49,8	319	39,9	38,7	6	15,5
10,04	126,5	506	49,85	320	39,9	38,7	6	15,5
10,05	126,5	506,5	49,9	320	40,0	38,8	6	16
10,06	126,5	507	49,95	320	40,0	38,8	6	16
10,07	127	507,5	50,0	321	40,1	38,8	6	16,5
10,08	127	508	50,05	321	40,1	38,9	6	16,5
10,09	127	508,5	50,1	321	40,1	38,9	6	17
10,10	127	509	50,15	321	40,2	39,0	6	17
10,11	127,5	509,5	50,2	322	40,2	39,0	6	17,5
10,12	127,5	510	50,25	322	40,3	39,0	6	17,5
10,13	127,5	510,5	50,3	322	40,3	39,1	6	18
10,14	127,5	511	50,35	323	40,3	39,1	6	18
10,15	128	511,5	50,4	323	40,4	39,2	6	18,5
10,16	128	512	50,45	323	40,4	39,2	6	18,5
10,17	128	512,5	50,5	324	40,5	39,2	6	19
10,18	128	513	50,55	324	40,5	39,3	6	19
10,19	128,5	513,5	50,6	324	40,5	39,3	6	19,5
10,20	128,5	514	50,65	325	40,6	39,3	6	19,5
10,21	128,5	514,5	50,7	325	40,6	39,4	6	20
10,22	128,5	515	50,75	325	40,7	39,4	6	20
10,23	128,5	515,5	50,8	326	40,7	39,5	6	20,5
10,24	129	516	50,85	326	40,7	39,5	6	20,5
10,25	129	516,5	50,9	326	40,8	39,5	6	21
10,26	129	517	50,95	327	40,8	39,6	6	21
10,27	129	517,5	51,0	327	40,9	39,6	6	21,5
10,28	129,5	518	51,05	327	40,9	39,7	6	21,5
10,29	129,5	518	51,1	328	40,9	39,7	6	22
10,30	129,5	518,5	51,15	328	41,0	39,7	6	22
10,31	129,5	519	51,2	328	41,0	39,8	6	22,5
10,32	130	519,5	51,25	329	41,1	39,8	6	22,5
10,33	130	520	51,3	329	41,1	39,9	6	23
10,34	130	520,5	51,35	329	41,2	39,9	6	23
10,35	130	521	51,4	329	41,2	39,9	6	23,5
10,36	130,5	521,5	51,45	330	41,2	40,0	6	23,5
10,37	130,5	522	51,5	330	41,3	40,0	6	24
10,38	130,5	522,5	51,55	330	41,3	40,0	6	24
10,39	130,5	523	51,6	331	41,4	40,1	6	24,5

Tafel 3
zur Entnahme der zu den Angaben des **eichfähigen Getreideprobers** zu 20 l zugehörigen Angaben anderer Proben
d) für Gerste.

Angaben des eichfähigen Getreideprobers zu 20 l	des eichfähigen Getreideprobers zu ¼ l	des eichfähigen Getreideprobers zu 1 l	Zugehörige Angaben des Hektoliter- oder Scheffelgewichts	in englischem	in amerikanischem	in russischem
1.	2.	3.	4.	5.	6.	7.	8.

Kilogramm im 20 Liter	Gramm im ¼ Liter	Gramm im 1 Liter	Kilogramm im Hektoliter oder Pfund im Scheffel	Pfund englisch im Imp. Quarter	Pfund englisch im Bushel	Pfund englisch im amerik. Bushel	Pud im	Pfund Tschetwert
10,40	131	523,5	51,65	331	41,4	40,1	6	24,5
10,41	131	524	51,7	331	41,4	40,2	6	25
10,42	131	524,5	51,75	332	41,5	40,2	6	25,5
10,43	131	525	51,8	332	41,5	40,2	6	25,5
10,44	131,5	525,5	51,85	332	41,6	40,3	6	26
10,45	131,5	526	51,9	333	41,6	40,3	6	26
10,46	131,5	526,5	51,95	333	41,6	40,4	6	26,5
10,47	131,5	527	52,0	333	41,7	40,4	6	26,5
10,48	132	527,5	52,05	334	41,7	40,4	6	27
10,49	132	528	52,1	334	41,8	40,5	6	27
10,50	132	528,5	52,15	334	41,8	40,5	6	27,5
10,51	132	529	52,2	335	41,8	40,6	6	27,5
10,52	132,5	529,5	52,3	335	41,9	40,6	6	28
10,53	132,5	530	52,35	336	42,0	40,7	6	28,5
10,54	132,5	530,5	52,4	336	42,0	40,7	6	28,5
10,55	132,5	531	52,45	336	42,0	40,7	6	29
10,56	133	531,5	52,5	337	42,1	40,8	6	29
10,57	133	532	52,55	337	42,1	40,8	6	29,5
10,58	133	532,5	52,6	337	42,2	40,9	6	29,5
10,59	133	533	52,65	338	42,2	40,9	6	30
10,60	133,5	533,5	52,7	338	42,2	40,9	6	30
10,61	133,5	534	52,75	338	42,3	41,0	6	30,5
10,62	133,5	534,5	52,8	338	42,3	41,0	6	30,5
10,63	133,5	535	52,85	339	42,4	41,1	6	31
10,64	134	535,5	52,9	339	42,4	41,1	6	31
10,65	134	536	52,95	339	42,4	41,1	6	31,5
10,66	134	536,5	53,0	340	42,5	41,2	6	31,5
10,67	134	537	53,05	340	42,5	41,2	6	32
10,68	134	537,5	53,1	340	42,6	41,3	6	32
10,69	134,5	538	53,15	341	42,6	41,3	6	32,5
10,70	134,5	538,5	53,2	341	42,6	41,3	6	32,5
10,71	134,5	539	53,25	341	42,7	41,4	6	33
10,72	134,5	539,5	53,3	342	42,7	41,4	6	33
10,73	135	540	53,35	342	42,8	41,4	6	33,5
10,74	135	540,5	53,4	342	42,8	41,5	6	33,5
10,75	135	541	53,45	343	42,8	41,5	6	34
10,76	135	541,5	53,5	343	42,9	41,6	6	34
10,77	135,5	542	53,55	343	42,9	41,6	6	34,5
10,78	135,5	542,5	53,6	344	43,0	41,6	6	34,5
10,79	135,5	543	53,65	344	43,0	41,7	6	35

Tafel 3

zur Entnahme der zu den Angaben des eichfähigen Getreideprobers
zu 20 *l* zugehörigen Angaben anderer Proben
d) für Gerste.

Angaben des eichfähigen Getreide-probers zu 20 *l*	des eichfähigen Getreideprobers zu		Zugehörige Angaben				
			des Hektoliter- oder Scheffel-gewichts	in englischem	in amerika-nischem	in russischem	
	¼ *l*	1 *l*		Maß und Gewicht			
1.	2.	3.	4.	5.	6.	7.	8.
Kilo-gramm im 20 Liter	Gramm im ¼ Liter	Gramm im 1 Liter	Kilo-gramm im Hekto-liter oder Pfund im Scheffel	Pfund englisch im Imp. Quarter	Pfund englisch im Bushel	Pfund englisch im amerik. Bushel	Pud im Tschetwert Pfund
10,80	135,5	543,5	53,7	344	43,0	41,7	6 35,5
10,81	136	543,5	53,75	345	43,1	41,8	6 35,5
10,82	136	544	53,8	345	43,1	41,8	6 36
10,83	136	544,5	53,85	345	43,2	41,8	6 36
10,84	136	545	53,9	346	43,2	41,9	6 36,5
10,85	136,5	545,5	53,95	346	43,2	41,9	6 36,5
10,86	136,5	546	54,0	346	43,3	42,0	6 37
10,87	136,5	546,5	54,05	346	43,3	42,0	6 37
10,88	136,5	547	54,1	347	43,4	42,0	6 37,5
10,89	137	547,5	54,15	347	43,4	42,1	6 37,5
10,90	137	548	54,2	347	43,4	42,1	6 38
10,91	137	548,5	54,25	348	43,5	42,1	6 38
10,92	137	549	54,3	348	43,5	42,2	6 38,5
10,93	137,5	549,5	54,35	348	43,6	42,2	6 38,5
10,94	137,5	550	54,4	349	43,6	42,3	6 39
10,95	137,5	550,5	54,45	349	43,6	42,3	6 39
10,96	137,5	551	54,5	349	43,7	42,3	6 39,5
10,97	138	551,5	54,55	350	43,7	42,4	6 39,5
10,98	138	552	54,6	350	43,8	42,4	7 0
10,99	138	552,5	54,65	350	43,8	42,5	7 0
11,00	138	553	54,7	351	43,8	42,5	7 0,5
11,01	138,5	553,5	54,75	351	43,9	42,5	7 0,5
11,02	138,5	554	54,8	351	43,9	42,6	7 1
11,03	138,5	554,5	54,85	352	44,0	42,6	7 1
11,04	138,5	555	54,9	352	44,0	42,6	7 1,5
11,05	139	555,5	54,95	352	44,0	42,7	7 1,5
11,06	139	556	55,0	353	44,1	42,7	7 2
11,07	139	556,5	55,1	353	44,2	42,8	7 2,5
11,08	139	557	55,15	354	44,2	42,8	7 2,5
11,09	139	557,5	55,2	354	44,2	42,9	7 3
11,10	139,5	558	55,25	354	44,3	42,9	7 3
11,11	139,5	558,5	55,3	355	44,3	43,0	7 3,5
11,12	139,5	559	55,35	355	44,4	43,0	7 3,5
11,13	139,5	559,5	55,4	355	44,4	43,0	7 4
11,14	140	560	55,45	355	44,4	43,1	7 4
11,15	140	560,5	55,5	356	44,5	43,1	7 4,5
11,16	140	561	55,55	356	44,5	43,2	7 4,5
11,17	140	561,5	55,6	356	44,6	43,2	7 5
11,18	140,5	562	55,65	357	44,6	43,2	7 5
11,19	140,5	562,5	55,7	357	44,6	43,3	7 5,5

Tafel 3

zur Entnahme der zu den Angaben des eichfähigen Getreideprobers zu 20 *l* zugehörigen Angaben anderer Proben

d) für Gerste.

Angaben des eichfähigen Getreide= probers zu 20 *l*	Angaben des eichfähigen Getreideprobers zu		Zugehörige Angaben					
			des Hektoliter= oder Scheffel= gewichts	in englischem	in amerika= nischem	in russischem		
	¼ *l*	1 *l*		Maß und Gewicht				
1.	2.	3.	4.	5.	6.	7.	8.	
Kilo= gramm im 20 Liter	Gramm im ¼ Liter	Gramm im 1 Liter	Kilo= gramm im Hekto= liter oder Pfund im Scheffel	Pfund englisch im Imp. Quarter	Pfund englisch im Bushel	Pfund englisch im amerik. Bushel	Pud im Tschetwert	Pfund
11,20	140,5	563	55,75	357	44,7	43,3	7	6
11,21	140,5	563,5	55,8	358	44,7	43,4	7	6
11,22	141	564	55,85	358	44,8	43,4	7	6,5
11,23	141	564,5	55,9	358	44,8	43,4	7	6,5
11,24	141	565	55,95	359	44,8	43,5	7	7
11,25	141	565,5	56,0	359	44,9	43,5	7	7
11,26	141,5	566	56,05	359	44,9	43,5	7	7,5
11,27	141,5	566,5	56,1	360	45,0	43,6	7	7,5
11,28	141,5	567	56,15	360	45,0	43,6	7	8
11,29	141,5	567,5	56,2	360	45,0	43,7	7	8
11,30	142	568	56,25	361	45,1	43,7	7	8,5
11,31	142	568,5	56,3	361	45,1	43,7	7	8,5
11,32	142	569	56,35	361	45,2	43,8	7	9
11,33	142	569	56,4	362	45,2	43,8	7	9
11,34	142,5	569,5	56,45	362	45,2	43,9	7	9,5
11,35	142,5	570	56,5	362	45,3	43,9	7	9,5
11,36	142,5	570,5	56,55	363	45,3	43,9	7	10
11,37	142,5	571	56,6	363	45,4	44,0	7	10
11,38	143	571,5	56,65	363	45,4	44,0	7	10,5
11,39	143	572	56,7	363	45,4	44,0	7	10,5
11,40	143	572,5	56,75	364	45,5	44,1	7	11
11,41	143	573	56,8	364	45,5	44,1	7	11
11,42	143,5	573,5	56,85	364	45,6	44,2	7	11,5
11,43	143,5	574	56,9	365	45,6	44,2	7	11,5
11,44	143,5	574,5	56,95	365	45,6	44,2	7	12
11,45	143,5	575	57,0	365	45,7	44,3	7	12
11,46	144	575,5	57,05	366	45,7	44,3	7	12,5
11,47	144	576	57,1	366	45,8	44,4	7	12,5
11,48	144	576,5	57,15	366	45,8	44,4	7	13
11,49	144	577	57,2	367	45,8	44,4	7	13
11,50	144,5	577,5	57,25	367	45,9	44,5	7	13,5
11,51	144,5	578	57,3	367	45,9	44,5	7	13,5
11,52	144,5	578,5	57,35	368	46,0	44,6	7	14
11,53	144,5	579	57,4	368	46,0	44,6	7	14
11,54	144,5	579,5	57,45	368	46,0	44,6	7	14,5
11,55	145	580	57,5	369	46,1	44,7	7	14,5
11,56	145	580,5	57,55	369	46,1	44,7	7	15
11,57	145	581	57,6	369	46,2	44,7	7	15
11,58	145	581,5	57,65	370	46,2	44,8	7	15,5
11,59	145,5	582	57,7	370	46,2	44,8	7	16

Tafel 3
zur Entnahme der zu den Angaben des eichfähigen Getreideprobers
zu 20 *l* zugehörigen Angaben anderer Proben
d) für Gerste.

Angaben des eichfähigen Getreideprobers zu 20 *l*	des eichfähigen Getreideprobers zu		Zugehörige Angaben				
	¼ *l*	1 *l*	des Hektoliter- oder Scheffel- gewichts	in englischem	in amerika- nischem		in russischem
				Maß und Gewicht			
1.	2.	3.	4.	5.	6.	7.	8.
Kilo- gramm im 20 Liter	Gramm im ¼ Liter	Gramm im 1 Liter	Kilo- gramm im Hekto- liter oder Pfund im Scheffel	Pfund englisch im Imp. Quarter	Pfund englisch im Bushel	Pfund englisch im amerik. Bushel	Pud im	Pfund Tschetwert
11,60	145,5	582,5	57,75	370	46,3	44,9	7	16
11,61	145,5	583	57,8	371	46,3	44,9	7	16,5
11,62	145,5	583,5	57,9	371	46,4	45,0	7	17
11,63	146	584	57,95	371	46,4	45,0	7	17
11,64	146	584,5	58,0	372	46,5	45,1	7	17,5
11,65	146	585	58,05	372	46,5	45,1	7	17,5
11,66	146	585,5	58,1	372	46,6	45,1	7	18
11,67	146,5	586	58,15	373	46,6	45,2	7	18
11,68	146,5	586,5	58,2	373	46,6	45,2	7	18,5
11,69	146,5	587	58,25	373	46,7	45,3	7	18,5
11,70	146,5	587,5	58,3	374	46,7	45,3	7	19
11,71	147	588	58,35	374	46,8	45,3	7	19
11,72	147	588,5	58,4	374	46,8	45,4	7	19,5
11,73	147	589	58,45	375	46,8	45,4	7	19,5
11,74	147	589,5	58,5	375	46,9	45,4	7	20
11,75	147,5	590	58,55	375	46,9	45,5	7	20
11,76	147,5	590,5	58,6	376	47,0	45,5	7	20,5
11,77	147,5	591	58,65	376	47,0	45,6	7	20,5
11,78	147,5	591,5	58,7	376	47,0	45,6	7	21
11,79	148	592	58,75	377	47,1	45,6	7	21
11,80	148	592,5	58,8	377	47,1	45,7	7	21,5
11,81	148	593	58,85	377	47,2	45,7	7	21,5
11,82	148	593,5	58,9	378	47,2	45,8	7	22
11,83	148,5	594	58,95	378	47,2	45,8	7	22
11,84	148,5	594,5	59,0	378	47,3	45,8	7	22,5
11,85	148,5	594,5	59,05	379	47,3	45,9	7	22,5
11,86	148,5	595	59,1	379	47,4	45,9	7	23
11,87	149	595,5	59,15	379	47,4	46,0	7	23
11,88	149	596	59,2	380	47,4	46,0	7	23,5
11,89	149	596,5	59,25	380	47,5	46,0	7	23,5
11,90	149	597	59,3	380	47,5	46,1	7	24
11,91	149,5	597,5	59,35	380	47,6	46,1	7	24
11,92	149,5	598	59,4	381	47,6	46,1	7	24,5
11,93	149,5	598,5	59,45	381	47,6	46,2	7	24,5
11,94	149,5	599	59,5	381	47,7	46,2	7	25
11,95	150	599,5	59,55	382	47,7	46,3	7	25
11,96	150	600	59,6	382	47,8	46,3	7	25,5
11,97	150	600,5	59,65	382	47,8	46,3	7	26
11,98	150	601	59,7	383	47,8	46,4	7	26
11,99	150	601,5	59,75	383	47,9	46,4	7	26,5

Tafel 3
zur Entnahme der zu den Angaben des eichfähigen Getreideprobers zu 20 *l* zugehörigen Angaben anderer Proben
d) für Gerste.

Angaben des eichfähigen Getreideprobers zu 20 *l*	Zugehörige Angaben						
	des eichfähigen Getreideprobers zu		des Hektoliter- oder Scheffelgewichts	in englischem	in amerikanischem	in russischem	
	¼ *l*	1 *l*		Maß und Gewicht			
1.	2.	3.	4.	5.	6.	7.	8.
Kilogramm im 20 Liter	Gramm im ¼ Liter	Gramm im 1 Liter	Kilogramm im Hektoliter oder Pfund im Scheffel	Pfund englisch im Imp. Quarter	Pfund englisch im Bushel	Pfund englisch im amerik. Bushel	Pud	Pfund im Tschetwert
12,00	150,5	602	59,8	383	47,9	46,5	7	26,5
12,01	150,5	602,5	59,85	384	48,0	46,5	7	27
12,02	150,5	603	59,9	384	48,0	46,5	7	27
12,03	150,5	603,5	59,95	384	48,0	46,6	7	27,5
12,04	151	604	60,0	385	48,1	46,6	7	27,5
12,05	151	604,5	60,05	385	48,1	46,7	7	28
12,06	151	605	60,1	385	48,2	46,7	7	28
12,07	151	605,5	60,15	386	48,2	46,7	7	28,5
12,08	151,5	606	60,2	386	48,2	46,8	7	28,5
12,09	151,5	606,5	60,25	386	48,3	46,8	7	29
12,10	151,5	607	60,3	387	48,3	46,8	7	29
12,11	151,5	607,5	60,35	387	48,4	46,9	7	29,5
12,12	152	608	60,4	387	48,4	46,9	7	29,5
12,13	152	608,5	60,45	388	48,4	47,0	7	30
12,14	152	609	60,5	388	48,5	47,0	7	30
12,15	152	609,5	60,55	388	48,5	47,0	7	30,5
12,16	152,5	610	60,65	389	48,6	47,1	7	31
12,17	152,5	610,5	60,7	389	48,6	47,2	7	31
12,18	152,5	611	60,75	389	48,7	47,2	7	31,5
12,19	152,5	611,5	60,8	390	48,7	47,2	7	31,5
12,20	153	612	60,85	390	48,8	47,3	7	32
12,21	153	612,5	60,9	390	48,8	47,3	7	32
12,22	153	613	60,95	391	48,8	47,4	7	32,5
12,23	153	613,5	61,0	391	48,9	47,4	7	32,5
12,24	153,5	614	61,05	391	48,9	47,4	7	33
12,25	153,5	614,5	61,1	392	49,0	47,5	7	33
12,26	153,5	615	61,15	392	49,0	47,5	7	33,5
12,27	153,5	615,5	61,2	392	49,0	47,5	7	33,5
12,28	154	616	61,25	393	49,1	47,6	7	34
12,29	154	616,5	61,3	393	49,1	47,6	7	34
12,30	154	617	61,35	393	49,2	47,7	7	34,5
12,31	154	617,5	61,4	394	49,2	47,7	7	34,5
12,32	154,5	618	61,45	394	49,2	47,7	7	35
12,33	154,5	618,5	61,5	394	49,3	47,8	7	35
12,34	154,5	619	61,55	395	49,3	47,8	7	35,5
12,35	154,5	619,5	61,6	395	49,4	47,9	7	35,5
12,36	155	620	61,65	395	49,4	47,9	7	36
12,37	155	620	61,7	396	49,4	47,9	7	36,5
12,38	155	620,5	61,75	396	49,5	48,0	7	36,5
12,39	155	621	61,8	396	49,5	48,0	7	37

Tafel 3

zur Entnahme der zu den Angaben des eichfähigen Getreideprobers zu 20 *l* zugehörigen Angaben anderer Proben

d) für Gerste.

Angaben des eichfähigen Getreideprobers zu 20 *l*	des eichfähigen Getreideprobers zu		Zugehörige Angaben					
			des Hektoliter- oder Scheffel- gewichts	in englischem	in amerika- nischem	in russischem		
	¼ *l*	1 *l*		Maß und Gewicht				
1.	2.	3.	4.	5.	6.	7.	8.	
Kilo- gramm im 20 Liter	Gramm im ¼ Liter	Gramm im 1 Liter	Kilo- gramm im Hekto- liter oder Pfund im Scheffel	Pfund englisch im Imp. Quarter	Pfund englisch im Bushel	Pfund englisch im amerik. Bushel	Pud	Pfund
							Tschetwert	
12,40	155,5	621,5	61,85	396	49,6	48,1	7	37
12,41	155,5	622	61,9	397	49,6	48,1	7	37,5
12,42	155,5	622,5	61,95	397	49,6	48,1	7	37,5
12,43	155,5	623	62,0	397	49,7	48,2	7	38
12,44	155,5	623,5	62,05	398	49,7	48,2	7	38
12,45	156	624	62,1	398	49,8	48,2	7	38,5
12,46	156	624,5	62,15	398	49,8	48,3	7	38,5
12,47	156	625	62,2	399	49,8	48,3	7	39
12,48	156	625,5	62,25	399	49,9	48,4	7	39
12,49	156,5	626	62,3	399	49,9	48,4	7	39,5
12,50	156,5	626,5	62,35	400	50,0	48,4	7	39,5
12,51	156,5	627	62,4	400	50,0	48,5	8	0
12,52	156,5	627,5	62,45	400	50,0	48,5	8	0
12,53	157	628	62,5	401	50,1	48,6	8	0,5
12,54	157	628,5	62,55	401	50,1	48,6	8	0,5
12,55	157	629	62,6	401	50,2	48,6	8	1
12,56	157	629,5	62,65	402	50,2	48,7	8	1
12,57	157,5	630	62,7	402	50,2	48,7	8	1,5
12,58	157,5	630,5	62,75	402	50,3	48,8	8	1,5
12,59	157,5	631	62,8	403	50,3	48,8	8	2
12,60	157,5	631,5	62,85	403	50,4	48,8	8	2
12,61	158	632	62,9	403	50,4	48,9	8	2,5
12,62	158	632,5	62,95	404	50,4	48,9	8	2,5
12,63	158	633	63,0	404	50,5	48,9	8	3
12,64	158	633,5	63,05	404	50,5	49,0	8	3
12,65	158,5	634	63,1	405	50,6	49,0	8	3,5
12,66	158,5	634,5	63,15	405	50,6	49,1	8	3,5
12,67	158,5	635	63,2	405	50,6	49,1	8	4
12,68	158,5	635,5	63,25	405	50,7	49,1	8	4
12,69	159	636	63,3	406	50,7	49,2	8	4,5
12,70	159	636,5	63,35	406	50,8	49,2	8	4,5
12,71	159	637	63,45	407	50,8	49,3	8	5
12,72	159	637,5	63,5	407	50,9	49,3	8	5,5
12,73	159,5	638	63,55	407	50,9	49,4	8	5,5
12,74	159,5	638,5	63,6	408	51,0	49,4	8	6
12,75	159,5	639	63,65	408	51,0	49,4	8	6,5
12,76	159,5	639,5	63,7	408	51,0	49,5	8	6,5
12,77	160	640	63,75	409	51,1	49,5	8	7
12,78	160	640,5	63,8	409	51,1	49,6	8	7
12,79	160	641	63,85	409	51,2	49,6	8	7,5

Tafel 3
zur Entnahme der zu den Angaben des eichfähigen Getreideprobers zu 20 *l* zugehörigen Angaben anderer Proben
d) für Gerste.

Angaben des eichfähigen Getreidepropers zu 20 *l*	Zugehörige Angaben						
	des eichfähigen Getreideprobers zu		des Hektoliter- oder Scheffel- gewichts	in englischem	in amerika- nischem	in russischem	
	¼ *l*	1 *l*		Maß und Gewicht			
1.	2.	3.	4.	5.	6.	7.	8.
Kilo- gramm im 20 Liter	Gramm im ¼ Liter	Gramm im 1 Liter	Kilo- gramm im Hekto- liter oder Pfund im Scheffel	Pfund englisch im Imp. Quarter	Pfund englisch im Bushel	Pfund englisch im amerik. Bushel	Pud im Tschetwert	Pfund
12,80	160	641,5	63,9	410	51,2	49,6	8	7,5
12,81	160,5	642	63,95	410	51,2	49,7	8	8
12,82	160,5	642,5	64,0	410	51,3	49,7	8	8
12,83	160,5	643	64,05	411	51,3	49,8	8	8,5
12,84	160,5	643,5	64,1	411	51,4	49,8	8	8,5
12,85	160,5	644	64,15	411	51,4	49,8	8	9
12,86	161	644,5	64,2	412	51,4	49,9	8	9
12,87	161	645	64,25	412	51,5	49,9	8	9,5
12,88	161	645,5	64,3	412	51,5	50,0	8	9,5
12,89	161	645,5	64,35	413	51,6	50,0	8	10
12,90	161,5	646	64,4	413	51,6	50,0	8	10
12,91	161,5	646,5	64,45	413	51,6	50,1	8	10,5
12,92	161,5	647	64,5	413	51,7	50,1	8	10,5
12,93	161,5	647,5	64,55	414	51,7	50,1	8	11
12,94	162	648	64,6	414	51,8	50,2	8	11
12,95	162	648,5	64,65	414	51,8	50,2	8	11,5
12,96	162	649	64,7	415	51,8	50,3	8	11,5
12,97	162	649,5	64,75	415	51,9	50,3	8	12
12,98	162,5	650	64,8	415	51,9	50,3	8	12
12,99	162,5	650,5	64,85	416	52,0	50,4	8	12,5
13,00	162,5	651	64,9	416	52,0	50,4	8	12,5
13,01	162,5	651,5	64,95	416	52,0	50,5	8	13
13,02	163	652	65,0	417	52,1	50,5	8	13
13,03	163	652,5	65,05	417	52,1	50,5	8	13,5
13,04	163	653	65,1	417	52,2	50,6	8	13,5
13,05	163	653,5	65,15	418	52,2	50,6	8	14
13,06	163,5	654	65,2	418	52,2	50,7	8	14
13,07	163,5	654,5	65,25	418	52,3	50,7	8	14,5
13,08	163,5	655	65,3	419	52,3	50,7	8	14,5
13,09	163,5	655,5	65,35	419	52,4	50,8	8	15
13,10	164	656	65,4	419	52,4	50,8	8	15
13,11	164	656,5	65,45	420	52,4	50,8	8	15,5
13,12	164	657	65,5	420	52,5	50,9	8	15,5
13,13	164	657,5	65,55	420	52,5	50,9	8	16
13,14	164,5	658	65,6	421	52,6	51,0	8	16,5
13,15	164,5	658,5	65,65	421	52,6	51,0	8	16,5
13,16	164,5	659	65,7	421	52,6	51,0	8	17
13,17	164,5	659,5	65,75	421	52,7	51,1	8	17
13,18	165	660	65,8	422	52,7	51,1	8	17,5
13,19	165	660,5	65,85	422	52,8	51,2	8	17,5

Tafel 3
zur Entnahme der zu den Angaben des eichfähigen Getreideprobers zu 20 *l* zugehörigen Angaben anderer Proben
d) für Gerste.

Angaben des eichfähigen Getreideprobers zu 20 *l*	des eichfähigen Getreideprobers zu		Zugehörige Angaben				
	¼ *l*	1 *l*	des Hektoliter- oder Scheffel- gewichts	in englischem	in amerika- nischem		in russischem
					Maß und Gewicht		
1.	2.	3.	4.	5.	6.	7.	8.
Kilo- gramm im 20 Liter	Gramm im ¼ Liter	Gramm im 1 Liter	Kilo- gramm im Hekto- liter oder Pfund im Scheffel	Pfund englisch im Imp. Quarter	Pfund englisch im Bushel	Pfund englisch im amerik. Bushel	Pud im	Pfund Tschetwert
13,20	165	661	65,9	422	52,8	51,2	8	18
13,21	165	661,5	65,95	423	52,9	51,2	8	18
13,22	165,5	662	66,0	423	52,9	51,3	8	18,5
13,23	165,5	662,5	66,05	423	52,9	51,3	8	18,5
13,24	165,5	663	66,1	424	53,0	51,4	8	19
13,25	165,5	663,5	66,15	424	53,0	51,4	8	19
13,26	166	664	66,25	425	53,1	51,5	8	19,5
13,27	166	664,5	66,3	425	53,1	51,5	8	20
13,28	166	665	66,35	425	53,2	51,5	8	20
13,29	166	665,5	66,4	426	53,2	51,6	8	20,5
13,30	166	666	66,45	426	53,3	51,6	8	20,5
13,31	166,5	666,5	66,5	426	53,3	51,7	8	21
13,32	166,5	667	66,55	427	53,3	51,7	8	21
13,33	166,5	667,5	66,6	427	53,4	51,7	8	21,5
13,34	166,5	668	66,65	427	53,4	51,8	8	21,5
13,35	167	668,5	66,7	428	53,5	51,8	8	22
13,36	167	669	66,75	428	53,5	51,9	8	22
13,37	167	669,5	66,8	428	53,5	51,9	8	22,5
13,38	167	670	66,85	429	53,6	51,9	8	22,5
13,39	167,5	670,5	66,9	429	53,6	52,0	8	23
13,40	167,5	671	66,95	429	53,7	52,0	8	23
13,41	167,5	671	67,0	430	53,7	52,1	8	23,5
13,42	167,5	671,5	67,05	430	53,7	52,1	8	23,5
13,43	168	672	67,1	430	53,8	52,1	8	24
13,44	168	672,5	67,15	430	53,8	52,2	8	24
13,45	168	673	67,2	431	53,9	52,2	8	24,5
13,46	168	673,5	67,25	431	53,9	52,2	8	24,5
13,47	168,5	674	67,3	431	53,9	52,3	8	25
13,48	168,5	674,5	67,35	432	54,0	52,3	8	25
13,49	168,5	675	67,4	432	54,0	52,4	8	25,5
13,50	168,5	675,5	67,45	432	54,1	52,4	8	25,5
13,51	169	676	67,5	433	54,1	52,4	8	26
13,52	169	676,5	67,55	433	54,1	52,5	8	26
13,53	169	677	67,6	433	54,2	52,5	8	26,5
13,54	169	677,5	67,65	434	54,2	52,6	8	27
13,55	169,5	678	67,7	434	54,3	52,6	8	27
13,56	169,5	678,5	67,75	434	54,3	52,6	8	27,5
13,57	169,5	679	67,8	435	54,3	52,7	8	27,5
13,58	169,5	679,5	67,85	435	54,4	52,7	8	28
13,59	170	680	67,9	435	54,4	52,8	8	28

Tafel 8
zur Entnahme der zu den Angaben des **eichfähigen Getreideprobers**
zu 20 *l* zugehörigen Angaben anderer Proben
d) für Gerste.

Angaben des eichfähigen Getreide- probers zu 20 *l*	Zugehörige Angaben						
	des eichfähigen Getreideprobers zu		des Hektoliter- oder Scheffel- gewichts	in englischem	in amerika- nischem		in russischem
	¼ *l*	1 *l*			Maß und Gewicht		
1.	2.	3.	4.	5.	6.	7.	8.
Kilo- gramm im 20 Liter	Gramm im ¼ Liter	Gramm im 1 Liter	Kilo- gramm im Hekto- liter oder Pfund im Scheffel	Pfund englisch im Imp. Quarter	Pfund englisch im Bushel	Pfund englisch im amerik. Bushel	Pud im Tschetwert / Pfund
13,60	170	680,5	67,95	436	54,5	52,8	8	28,5
13,61	170	681	68,0	436	54,5	52,8	8	28,5
13,62	170	681,5	68,05	436	54,5	52,9	8	29
13,63	170,5	682	68,1	437	54,6	52,9	8	29
13,64	170,5	682,5	68,15	437	54,6	52,9	8	29,5
13,65	170,5	683	68,2	437	54,7	53,0	8	29,5
13,66	170,5	683,5	68,25	438	54,7	53,0	8	30
13,67	171	684	68,3	438	54,7	53,1	8	30
13,68	171	684,5	68,35	438	54,8	53,1	8	30,5
13,69	171	685	68,4	438	54,8	53,1	8	30,5
13,70	171	685,5	68,45	439	54,9	53,2	8	31
13,71	171,5	686	68,5	439	54,9	53,2	8	31
13,72	171,5	686,5	68,55	439	54,9	53,3	8	31,5
13,73	171,5	687	68,6	440	55,0	53,3	8	31,5
13,74	171,5	687,5	68,65	440	55,0	53,3	8	32
13,75	171,5	688	68,7	440	55,1	53,4	8	32
13,76	172	688,5	68,75	441	55,1	53,4	8	32,5
13,77	172	689	68,8	441	55,1	53,5	8	32,5
13,78	172	689,5	68,85	441	55,2	53,5	8	33
13,79	172	690	68,9	442	55,2	53,5	8	33
13,80	172,5	690,5	68,95	442	55,3	53,6	8	33,5
13,81	172,5	691	69,05	443	55,3	53,6	8	34
13,82	172,5	691,5	69,1	443	55,4	53,7	8	34
13,83	172,5	692	69,15	443	55,4	53,7	8	34,5
13,84	173	692,5	69,2	444	55,5	53,8	8	34,5
13,85	173	693	69,25	444	55,5	53,8	8	35
13,86	173	693,5	69,3	444	55,5	53,8	8	35
13,87	173	694	69,35	445	55,6	53,9	8	35,5
13,88	173,5	694,5	69,4	445	55,6	53,9	8	35,5
13,89	173,5	695	69,45	445	55,7	54,0	8	36
13,90	173,5	695,5	69,5	446	55,7	54,0	8	36
13,91	173,5	696	69,55	446	55,7	54,0	8	36,5
13,92	174	696,5	69,6	446	55,8	54,1	8	37
13,93	174	696,5	69,65	446	55,8	54,1	8	37
13,94	174	697	69,7	447	55,9	54,1	8	37,5
13,95	174	697,5	69,75	447	55,9	54,2	8	37,5
13,96	174,5	698	69,8	447	55,9	54,2	8	38
13,97	174,5	698,5	69,85	448	56,0	54,3	8	38
13,98	174,5	699	69,9	448	56,0	54,3	8	38,5
13,99	174,5	699,5	69,95	448	56,1	54,3	8	38,5

Tafel 3

zur Entnahme der zu den Angaben des **eichfähigen Getreideprobers** zu **20 l** zugehörigen Angaben anderer Proben
d) für Gerste.

Angaben des eichfähigen Getreideprobers zu 20 l	des eichfähigen Getreideprobers zu		Zugehörige Angaben				
			des Hektoliter- oder Scheffel- gewichts	in englischem	in amerika- nischem		in russischem
	¼ l	1 l			Maß und Gewicht		
1.	2.	3.	4.	5.	6.	7.	8.
Kilo- gramm im 20 Liter	Gramm im ¼ Liter	Gramm im 1 Liter	Kilo- gramm im Hekto- liter oder Pfund im Scheffel	Pfund englisch im Imp. Quarter	Pfund englisch im Bushel	Pfund englisch im amerik. Bushel	Pud	Pfund Tschetwert
14,00	175	700	70,0	449	56,1	54,4	8	39
14,01	175	700,5	70,05	449	56,1	54,4	8	39
14,02	175	701	70,1	449	56,2	54,5	8	39,5
14,03	175	701,5	70,15	450	56,2	54,5	8	39,5
14,04	175,5	702	70,2	450	56,3	54,5	9	0
14,05	175,5	702,5	70,25	450	56,3	54,6	9	0
14,06	175,5	703	70,3	451	56,3	54,6	9	0,5
14,07	175,5	703,5	70,35	451	56,4	54,7	9	0,5
14,08	176	704	70,4	451	56,4	54,7	9	1
14,09	176	704,5	70,45	452	56,5	54,7	9	1
14,10	176	705	70,5	452	56,5	54,8	9	1,5
14,11	176	705,5	70,55	452	56,5	54,8	9	1,5
14,12	176,5	706	70,6	453	56,6	54,8	9	2
14,13	176,5	706,5	70,65	453	56,6	54,9	9	2
14,14	176,5	707	70,7	453	56,7	54,9	9	2,5
14,15	176,5	707,5	70,75	454	56,7	55,0	9	2,5
14,16	177	708	70,8	454	56,7	55,0	9	3
14,17	177	708,5	70,85	454	56,8	55,0	9	3
14,18	177	709	70,9	455	56,8	55,1	9	3,5
14,19	177	709,5	70,95	455	56,9	55,1	9	3,5
14,20	177	710	71,0	455	56,9	55,2	9	4
14,21	177,5	710,5	71,05	455	56,9	55,2	9	4
14,22	177,5	711	71,1	456	57,0	55,2	9	4,5
14,23	177,5	711,5	71,15	456	57,0	55,3	9	4,5
14,24	177,5	712	71,2	456	57,1	55,3	9	5
14,25	178	712,5	71,25	457	57,1	55,4	9	5
14,26	178	713	71,3	457	57,1	55,4	9	5,5
14,27	178	713,5	71,35	457	57,2	55,4	9	5,5
14,28	178	714	71,4	458	57,2	55,5	9	6
14,29	178,5	714,5	71,45	458	57,3	55,5	9	6
14,30	178,5	715	71,5	458	57,3	55,5	9	6,5
14,31	178,5	715,5	71,55	459	57,3	55,6	9	6,5
14,32	178,5	716	71,6	459	57,4	55,6	9	7
14,33	179	716,5	71,65	459	57,4	55,7	9	7,5
14,34	179	717	71,7	460	57,5	55,7	9	7,5
14,35	179	717,5	71,8	460	57,5	55,8	9	8
14,36	179	718	71,85	461	57,6	55,8	9	8,5
14,37	179,5	718,5	71,9	461	57,6	55,9	9	8,5
14,38	179,5	719	71,95	461	57,7	55,9	9	9
14,39	179,5	719,5	72,0	462	57,7	55,9	9	9

Tafel 3
zur Entnahme der zu den Angaben des eichfähigen Getreideprobers zu 20 *l* zugehörigen Angaben anderer Proben
d) für Gerste.

Angaben des eichfähigen Getreideprobers zu 20 *l*	Angaben des eichfähigen Getreideprobers zu		Zugehörige Angaben des Hektoliter- oder Scheffelgewichts	in englischem	in amerikanischem	in russischem
	¼ *l*	1 *l*		Maß und Gewicht		
1.	2.	3.	4.	5.	6.	7.	8.
Kilogramm im 20 Liter	Gramm im ¼ Liter	Gramm im 1 Liter	Kilogramm im Hektoliter oder Pfund im Scheffel	Pfund englisch im Imp. Quarter	Pfund englisch im Bushel	Pfund englisch im amerik. Bushel	Pud	Pfund im Tschetwert
14,40	179,5	720	72,05	462	57,7	56,0	9	9,5
14,41	180	720,5	72,1	462	57,8	56,0	9	9,5
14,42	180	721	72,15	463	57,8	56,1	9	10
14,43	180	721,5	72,2	463	57,9	56,1	9	10
14,44	180	722	72,25	463	57,9	56,1	9	10,5
14,45	180,5	722	72,3	463	57,9	56,2	9	10,5
14,46	180,5	722,5	72,35	464	58,0	56,2	9	11
14,47	180,5	723	72,4	464	58,0	56,2	9	11
14,48	180,5	723,5	72,45	464	58,1	56,3	9	11,5
14,49	181	724	72,5	465	58,1	56,3	9	11,5
14,50	181	724,5	72,55	465	58,1	56,4	9	12
14,51	181	725	72,6	465	58,2	56,4	9	12
14,52	181	725,5	72,65	466	58,2	56,4	9	12,5
14,53	181,5	726	72,7	466	58,3	56,5	9	12,5
14,54	181,5	726,5	72,75	466	58,3	56,5	9	13
14,55	181,5	727	72,8	467	58,3	56,6	9	13
14,56	181,5	727,5	72,85	467	58,4	56,6	9	13,5
14,57	182	728	72,9	467	58,4	56,6	9	13,5
14,58	182	728,5	72,95	468	58,5	56,7	9	14
14,59	182	729	73,0	468	58,5	56,7	9	14
14,60	182	729,5	73,05	468	58,5	56,8	9	14,5
14,61	182	730	73,1	469	58,6	56,8	9	14,5
14,62	182,5	730,5	73,15	469	58,6	56,8	9	15
14,63	182,5	731	73,2	469	58,7	56,9	9	15
14,64	182,5	731,5	73,25	470	58,7	56,9	9	15,5
14,65	182,5	732	73,3	470	58,7	56,9	9	15,5
14,66	183	732,5	73,35	470	58,8	57,0	9	16
14,67	183	733	73,4	471	58,8	57,0	9	16
14,68	183	733,5	73,45	471	58,9	57,1	9	16,5
14,69	183	734	73,5	471	58,9	57,1	9	16,5
14,70	183,5	734,5	73,55	471	58,9	57,1	9	17
14,71	183,5	735	73,6	472	59,0	57,2	9	17,5
14,72	183,5	735,5	73,65	472	59,0	57,2	9	17,5
14,73	183,5	736	73,7	472	59,1	57,3	9	18
14,74	184	736,5	73,75	473	59,1	57,3	9	18
14,75	184	737	73,8	473	59,1	57,3	9	18,5
14,76	184	737,5	73,85	473	59,2	57,4	9	18,5
14,77	184	738	73,9	474	59,2	57,4	9	19
14,78	184,5	738,5	73,95	474	59,3	57,5	9	19
14,79	184,5	739	74,0	474	59,3	57,5	9	19,5

Tafel 3
zur Entnahme der zu den Angaben des eichfähigen Getreideprobers
zu 20 *l* zugehörigen Angaben anderer Proben
d) für Gerste.

Angaben des eichfähigen Getreideprobers zu 20 *l*	des eichfähigen Getreideprobers zu		Zugehörige Angaben					
	¼ *l*	1 *l*	des Hektoliter- oder Scheffel- gewichts	in englischem	in amerikanischem		in russischem	
					Maß und Gewicht			
1.	2.	3.	4.	5.	6.	7.	8.	
Kilogramm im 20 Liter	Gramm im ¼ Liter	Gramm im 1 Liter	Kilogramm im Hektoliter oder Pfund im Scheffel	Pfund englisch im Imp. Quarter	Pfund englisch im Bushel	Pfund englisch im amerik. Bushel	Pud	Pfund im Tschetwert
14,80	184,5	739,5	74,05	475	59,3	57,5	9	19,5
14,81	184,5	740	74,1	475	59,4	57,6	9	20
14,82	185	740,5	74,15	475	59,4	57,6	9	20
14,83	185	741	74,2	476	59,5	57,6	9	20,5
14,84	185	741,5	74,25	476	59,5	57,7	9	20,5
14,85	185	742	74,3	476	59,5	57,7	9	21
14,86	185,5	742,5	74,35	477	59,6	57,8	9	21
14,87	185,5	743	74,4	477	59,6	57,8	9	21,5
14,88	185,5	743,5	74,45	477	59,7	57,8	9	21,5
14,89	185,5	744	74,5	478	59,7	57,9	9	22
14,90	186	744,5	74,6	478	59,8	58,0	9	22,5
14,91	186	745	74,65	479	59,8	58,0	9	22,5
14,92	186	745,5	74,7	479	59,9	58,0	9	23
14,93	186	746	74,75	479	59,9	58,1	9	23
14,94	186,5	746,5	74,8	480	59,9	58,1	9	23,5
14,95	186,5	747	74,85	480	60,0	58,2	9	23,5
14,96	186,5	747,5	74,9	480	60,0	58,2	9	24
14,97	186,5	747,5	74,95	480	60,1	58,2	9	24
14,98	187	748	75,0	481	60,1	58,3	9	24,5
14,99	187	748,5	75,05	481	60,1	58,3	9	24,5
15,00	187	749	75,1	481	60,2	58,3	9	25
15,01	187	749,5	75,15	482	60,2	58,4	9	25

MIX
Papier aus verantwortungsvollen Quellen
Paper from responsible sources
FSC® C105338

If you have any concerns about our products,
you can contact us on
ProductSafety@springernature.com

In case Publisher is established outside the EU,
the EU authorized representative is:
**Springer Nature Customer Service Center GmbH
Europaplatz 3, 69115 Heidelberg, Germany**

Printed by Libri Plureos GmbH
in Hamburg, Germany